Sweet Betty 西點沙龍／著

FIX BAKING MISTAKES

# 搶救烘焙失誤

破解烘焙環節，學會基礎工序做變化，
新手不出錯的信心指南

# CONTENTS

# 作者序

朋友常問我，「為何會愛上做甜點」??
我總狂笑地答著:「因為我愛吃啊」～
事物的開端，總是因為喜愛、因為迷戀，才會有繼續專精下去的動能與衝勁。

甜點之於我，是一種紓壓儀式，可暫時抽離於忙碌媽媽這角色，轉身沉溺於手做甜點世界的單純思緒中，甚至泡杯好茶，靜心坐下讓感官悠游於甜食與餐盤搭配間的美好，恣意享受片刻的舒緩與感受味蕾間的美妙恩典。

甜點更是媽媽我與小孩間甜蜜的牽絆，下課後衝進家門的小朋友，劈頭大喊的第一句總是:「媽媽，你今天做什麼點心，我快餓死了」，饑餓撒嬌的字字嫩稚聲還沒完全飛沖進媽媽的耳裡，眼睛已經瞥見小朋友急促地掀開餐桌上的玻璃罩，緊盯著盤中的點心，小小眼睛裡流露出來的是深深渴望與溫暖信任的眼神。

愛上在麵粉、糖、雞蛋、奶油中沈淪與精進，只為單純給愛吃甜點的自己、摯愛的家人與朋友，一份真正天然純粹，隨著四季時序變化食材，更無多餘添加矯飾的甜點，為了這個單純的理由，於是乎便踏上這條烘焙之路(嘻)。

這路上除了嘴裡吃甜外，當然也有著諸多的氣餒之事，非專科之姿，一切的一切都是在一次次的手做中獲得經驗累積，過程中讓身體記憶住手法，也漸漸開闊甜點的廣度，當中有失敗、有懊惱、更有著灰心之時，慶幸的是心中的甜點魂不滅，總是能在轉頭之後，繼續在跌倒處爬起並將失敗化為珍貴的

此書的書寫，立意在縮短一樣也沈淪在烘焙世界朋友們的摸索之路，藉由Betty玩烘焙的些許經驗值歸納出的重點整理提示，減少大家在烘焙中失敗的可能性，也期許藉由清楚的步驟照片，能讓大家有著清晰的步序概念，希望Betty這一些些的經驗值對喜愛玩烘焙的你、妳有所助益。

甜點總能帶給人們美好的感受，生命中重要的時刻總與甜點息息相關呢，生日、結婚、母親節、情人節…蛋糕甜點總不缺席，甚至是好友間的心意分享，一份小小的手做甜點，總能帶給人們滿滿的暖心溫度，沐浴在溫暖的氣氛中，期許愛玩烘焙的大家，藉由手做甜點回到簡單與感動的單純時光，讓親手做的甜點帶給吃的人心中洋溢著一抹幸福的微笑～

BEFORE

# 烘焙之前：工具食材的認識準備

走進廚房、穿上圍裙轉身預熱烤箱之際，

讓我先一一道來這趟烘焙旅程上的該注意、

該知曉的大大小小芝麻事，

讓大家都能踏穩腳步自信的邁開步伐。

*Before baking*

## HOW TO READ THIS BOOK
# 閱讀說明

- 本書使用雞蛋尺寸淨重約為50g左右
- 1大匙=15ml
- 1小匙=5ml
- 1/2小匙=2.5ml
- 1/4小匙=1.25ml

- 本書使用的細砂糖除了特殊指定外，皆為日本三溫糖或上白糖。

- 書中使用的植物油為葡萄籽油或是玄米油，讀者亦可替換成其他種類植物油，只要氣味不要太過強烈以至於遮蓋了蛋糕風味即可。

- 每篇食譜皆會陳述所需使用的主要烘焙器具，如使用模具尺寸、使用調理盆尺寸及個數、刮刀、電動攪拌機或是打蛋器…等，而一般較基本的，如：電子秤、網篩、烤箱烘焙布、盛裝食材的小碗小缽…等，幾乎每場烘焙皆會派上場，就不再贅述了。另與文中提到的調理盆尺寸，誤差在1-2cm間皆可。另請務必選擇合適的調理盆尺寸，過大或過小對拌合的均勻、打發的程度還是有影響。

- 此書使用的是瓦斯烤箱，要是依指定時間烘烤後還是未熟透，請再延長烘烤時間，每次以5分鐘計。若每次都需延長時間，則將溫度調高10度C試試，相反的，若每次都比指定時間還要快烤熟、烤出焦色，則請調降10度C試試。烤箱加熱溫度、烘烤時間需視烤箱機種而定，本書所列供參考，需視各廠牌機種調整。

## 我可以隨意改變食譜中指定的食材嗎？

烘焙是一連串化學變化的結果，在尚未熟悉甜點配方操作以及口感風味前，相信我，當食譜明列使用低筋麵粉，就不要用高筋麵粉；要求常溫雞蛋，就不要用冷藏雞蛋；要添加泡打粉或是酵母粉，拜託，千萬不要自作主張省略，這可不是1+1=2這麼簡單的事，擅自更改配方所引起化學反應，是你無法想像的，所以**請依食譜正確選用食材。**

## 配方裡奶油、砂糖這麼多，可以減少嗎？或是用別的食材替換嗎？

有些朋友看到配方裡奶油以及砂糖的份量，就嚇傻了，下意識自動對砍或是大大減少用量，殊不知奶油和砂糖是蛋糕濕潤、鬆綿、風味及上色的來源，隨意變動配方容易導致蛋糕口感風味不佳。所以建議新手朋友不要任意變動減少配方用量，除非已熟稔蛋糕製作，是善於變化配方口感的老手，否則擅自變更食譜份量真的會大大打擊新手烘焙的信心。

如果另尋找別的食材來替代呢？除非作者有交代，否則恣意置換食材對蛋糕的口感，加減還是會有影響，如配方寫的是72%苦甜巧克力，但若以45%牛奶巧克力來取代，風味絕對有差。但一般同質性材料的替代是沒問題的，如配方書寫的是植物油，當然可用喜愛的橄欖油、玄米油、葡萄籽油、沙拉油…來取代；或是配方中寫的是牛奶，那要用全脂、或是低脂也都行，只是普遍認為全脂風味較香。所以**請務必遵照食譜配方，且還要精準秤量**，記得，斤斤計較絕對是有利無弊的。

## 粉類一定要過篩嗎？可以小小偷懶嗎？

粉類過篩的目的是「消除結塊」，台灣氣候潮濕，粉類易因濕氣結塊而影響拌合，你絕對不會想因這小小的偷懶而大大影響糕點的口感，所以**粉類請務必要過篩**，而且是將所有粉類食材一起過篩，這樣可以讓粉類顆粒大小一致，空氣能夠進入顆粒與顆粒間，可以更容易、更均勻的拌合麵糊。當然，粉類過篩還有去除異物的功能。

**粉類過篩步驟**

1 右手握住篩子把手並輕柔地左右輕晃，左手持續輕敲篩子側面（若是慣用左手者，請反向操作）。

2 最後會有一些顆粒較大的結塊殘餘在篩子上，則可用手指輕壓顆粒，幫助篩入。

**Betty's Baking Tips**

可用「掛耳式的篩子」，使其掛在調理盆上，就可輕鬆便捷地將粉類食材投入，而且還可避免桌面的攤擠及髒亂。

## 該買哪些烘焙器具？哪些是最基本的？哪些可暫時不用購買的呢？

烘焙器具包羅萬象，種類品項之多，絕對不輸給女孩子家妝點容顏的林林總總化妝品，真的是多到買不完，尤其當你是烘焙重度上癮者時。Betty 在這按器具的重要性來遞減排列，希望能作為各位採買器具時的參考。

**重要性★★★：建議必須添購的烘焙器具。**
**重要性★★：有的話，烘焙工序能更輕鬆順手。**
**重要性★：依預算來斟酌添購。**

### ★★★ 烤箱及烤箱溫度計

有一台控溫精準、恆溫性佳的烤箱很重要，但市售烤箱種類、尺寸繁多，有瓦斯烤箱、電烤箱、旋風烤箱…甚至專業級大烤箱，Betty 在這就不再贅述其優劣特長，畢竟這涉及預算、使用空間、及個人偏好品牌等多個面向。

烤箱就像自家車一樣，儘管別人家的愛車瞬間加速強大、爬坡力強，內裝配備高檔又 fashion，但是，自己愛用多年的好駒就是怎麼開怎麼順手，爬坡力不強，沒關係，慢慢來總是會到達，馬力不夠，也沒有關係，又不是F1賽車比衝快的。

唯有不斷的細心體察、一次次的微調火力以熟稔自家烤箱的脾氣（如：蛋糕表面上色太快，那下次上火就減個10度看看；蛋糕底部太焦黑，那下次下火就再降溫），這才是最經濟實惠的。

另特別建議大家添購烤箱內溫度計，藉以精確測量出烤箱內的實際溫度，畢竟各家烤箱都存在著溫差。

### ★★★ 定時器

好不容器打發攪拌成功的麵糊，絕不能敗在烤培時間的失控上，有了定時器大聲的「嗶嗶」嘶吼吶喊聲，絕對能將你從姐妹淘八卦電話中、或是神遊於某個空間中拉回。

### ★★★ 打蛋器

建議選購重量輕巧、有彈力、握起來順手為原則，且最好添購2隻，大小尺寸各一隻。大隻約29-

30cm，用於打發雞蛋、鮮奶油以及大範圍攪拌。小隻約24cm，用於攪拌奶油餡、燙麵糊，可以輕易刮拌到鍋緣以免焦鍋。

**★★★ 電子秤**

建議選用能秤重精準單位至g（克）的電子秤，當然如能秤重單位到0.1g（克）那更好。有了這精準神器相助，那就請務必將每樣食材確實地秤重。

**★★★ 手持電動攪拌器**

良心建議這個預算千萬不要省，有了手持電動攪拌器可幫助你輕輕鬆鬆，手不痠、氣不喘、臉不紅地成功打發雞蛋及鮮奶油。但若預算充裕的話，添購桌上型攪拌機或是食物調理機（food processor）在烘焙工序上絕對能更省時省力。

**★★★ 不鏽鋼製鋼盆（調理盆）**

市面不鏽鋼製鋼盆尺寸很多，可依習慣、預算添購多個，但是最基本的19-20cm以及23-24cm的尺寸，是家庭烘焙最常使用到的。

**★★★ 網篩**

粉類過篩選用比調理盆尺寸小的篩子，且濾網孔目越細越好。若可以的話，私心建議選用掛耳式，不僅篩粉類便利，連過濾液體也方便。另外，裝飾甜點時的糖粉、可可粉、抹茶粉，則建議用迷你尺寸的網篩，或是用罐裝篩器也可，罐裝篩器的好處是用完隨即可密封保存。

**★★★ 矽膠刮刀**

請選用一體成型的矽膠（silicone）刮刀，一來無縫隙不用擔心洗不乾淨，二來矽膠耐高溫，可便於邊加熱邊攪拌。

**★★★ 量匙**

量匙材質不論不鏽鋼、塑膠皆可。但是一定要選購至少含下列4種公制單位的量匙才完整。量匙的計量，皆是平匙計量，也就是測量粉類時，一定要將表面刮平。

1大匙＝1 tablespoon（1 tbsp）=15ml
1小匙＝1 teaspoon（1tsp）=5ml
1/2小匙＝1/2 teaspoon（1/2 tsp）=2.5ml
1/4小匙＝1/4 teaspoon（1/4 tsp）=1.25ml

**★★★ 量杯**

測量液體時使用，例如水、果汁、牛奶、鮮奶油…等。使用量杯時，從上方俯視是無法正確測量的，需從側面水平來看，且建議購買玻璃材質。

另每個國家量杯的容量皆不同，有的一杯是200ml、有的是240ml、有的是236ml，所以請務必詳閱該食譜書的計量單位說明。

**★★★ 烤焙墊或是烘焙紙**

烘烤糕點時，為了不使糕點沾黏在烤盤上，烤盤上要鋪一層烤焙墊或是烘焙紙。可挑選市售整卷的烘焙紙，再依需求裁切所需的長度，使用完即丟棄。而烤焙墊不僅耐高溫又可重複使用，雖然價格不菲，但是就環保的立場來說是較鼓勵的，對了，要選擇與烤盤大小相同的烤焙墊喔。

**★★★ 保鮮膜、鋁箔紙**

這兩樣我想幾乎一般家庭都會有，但容Betty在此多囉唆一下。

## ★★ 烤模

說到烤模，這絕對是烘焙路上的要命無底錢坑，各式蛋糕皆有其對應的烤模，就舉瑪德蓮來說吧，渾圓貝殼的形狀這才是經典啊，另加上有時也想變化一下糕點造型，看膩的長條狀磅蛋糕，換個圓的或是咕咕霍夫造型也不錯；海綿蛋糕可不只是圓形，換成方形來夾餡料也不賴；總是烤6吋的戚風蛋糕，但今日要送禮，那可得烤個8吋大小才不失禮；甜塔大的總是吃不完，烤的小巧size又可佯裝高雅貴婦的午茶氛圍…。

唉，總之，烤模就像女人的皮包，隨心情大包小包的換，隨場合手提斜背的挑選。但總是還是有些基本、經典的烤模是家庭烘焙常使用到的，甚至有些還能以一擋百當多種糕點的烤模用，Betty在這整理一些清單，供大家購買時參考，其餘的再視需要慢慢收藏吧。

常用烤模有：

8吋或6吋的圓形分離烤模及不分離烤模
8吋或6吋的日式中空戚風模
8吋、6吋或各式小尺寸塔模
25cm或20cm的方形烤模
磅蛋糕模（18*9*6cm，容量700ml）
瑪德蓮模
6連或12連馬芬模

## ★★ 刮板

平底刮板較常用，分有硬質及軟質。硬質刮板可切割麵團、整平蛋糕麵糊，而軟質刮板則是塗抹鮮奶油時，將鮮奶油蛋糕造型成圓弧狀時使用（另還有鋸齒狀刮板，可於裝飾鮮奶油蛋糕以及巧克力塑形裝飾用，有需要再添購即可）。

## ★★ 矽膠刷

刷蛋液、奶油、果醬時，就需要一把好刷子，矽膠刷不似傳統毛刷易掉毛，烘焙完用中性清潔劑洗完晾乾即可，還不會有發霉的問題呢。

## ★★ 擀麵棍

有木質、塑膠、大理石…等材質，長度30cm以上的較推薦，甚至有的擀麵棍還有可調厚度的功能。若預算可以的話，建議添購可調厚度的擀麵棍，對烘焙餅乾、塔皮來說，能擀成一致性的厚度，真是毋庸置疑的方便。

## ★★ 抹刀

有平抹刀及L型抹刀兩種。平抹刀適用於塗抹鮮奶油、平整蛋糕表面、以及移動蛋糕，建議可挑選大把的（8吋以上）。若要抹平塔模裡的餡料就需要L型抹刀，較無死角也易操作，當然你要用大湯匙或是刮刀來替代L型抹刀當然也行。

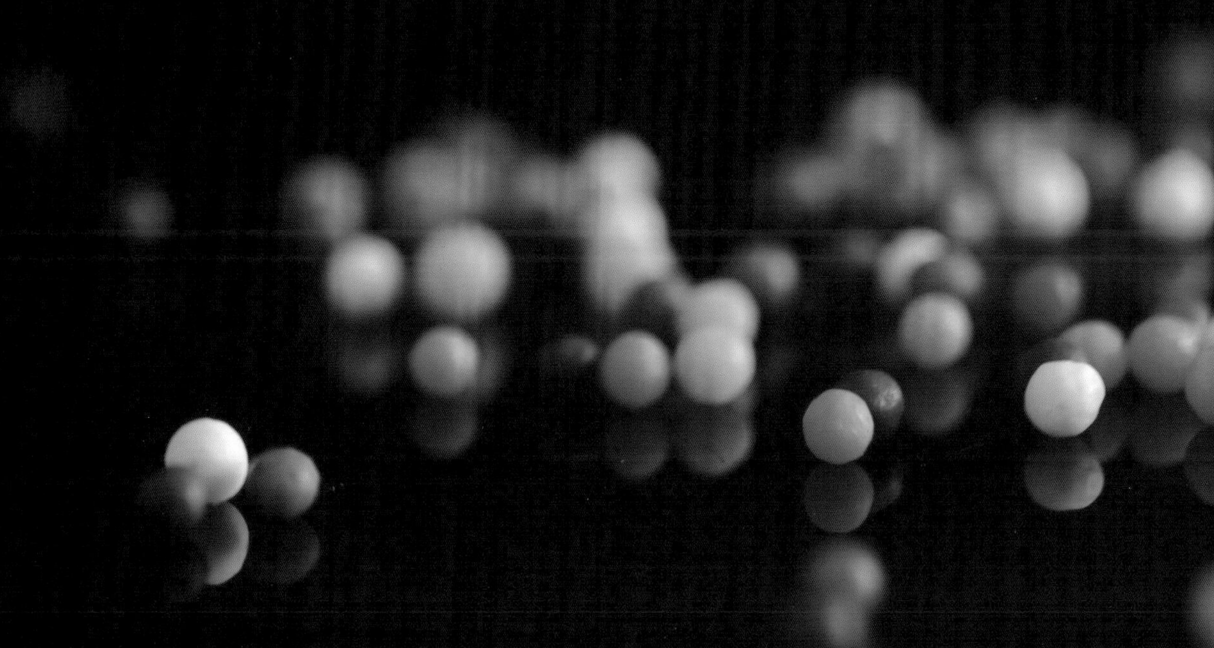

**★★ 蛋糕刀**

刀刃呈現鋸齒狀，所以在分切蛋糕時較不易產生碎屑，建議挑選大把的蛋糕刀，如此在分切大蛋糕時，才能一刀切斷，這時你會感謝有把大蛋糕刀，因為真是能大小蛋糕通切呢。

**★★ 網架（蛋糕冷卻架）**

烤好的蛋糕、餅乾…皆需冷卻，因此建議選購有腳架的冷卻架以方便散熱。

網架有圓、有方、長方皆有，其實形狀不拘，但若要是瑞士卷的蛋糕皮，則需挑選大的長方形網架。

**★★ 隔熱手套**

一副能確實隔絕高溫的手套，絕對可以免於纖纖玉手被燙傷、起水泡的高度危險。若可以的話，建議挑選長度至手肘處的隔熱手套，因為Betty的手臂也常常被滾燙的烤箱門邊燙傷（真是丟臉），若你沒有這項困擾的話，那就買至手腕以上8-10cm的就好，但是保護措施總是越多越好，就像買保險一樣。

**★★ 刨絲器**

製作柑橘類點心時，一把好的刨絲刀，能輕輕鬆鬆刨下檸檬、柳橙表層的薄皮，卻不會刨下帶苦味的白色軟皮而毀了點心風味，你會慶幸自己添購了這把好神器。

**★★ 蛋糕探針（cake tester）**

對於厚度較高的糕點，可從糕點中央處刺入，檢查是否沾黏來判斷熟度，雖亦可用竹籤，但是竹籤口徑較粗，造成蛋糕孔洞過大且易受潮發霉，若可以的話，請添購不鏽鋼材質的蛋糕探針。

**★★ 分蛋器**

為了不讓雙手黏答答的分離蛋白與蛋黃，甚至還將蛋分離得支離破碎，建議買個分蛋器吧。

**★★ 擠花袋及花嘴**

擠花袋分為重複使用的尼龍袋（最近廠商還有推出矽膠材質的），以及拋棄式的塑膠材質。

做家常甜點會建議用拋棄式即可，不僅不用擔心清洗不乾淨導致細菌孳生，而且使用上也簡單，只是可重複使用的擠花袋相對上較強韌不易破裂。

若是只需少量裝飾，例如用巧克力畫線條，也可用三明治袋來取代喔。而花嘴的部分 僅需挑選常用、慣用的花嘴即可，如星型、圓形。

**★紙模**

這大概是最經濟實惠的烤模了，若你只想烤個簡單的杯子蛋糕、馬芬等，甚至現在坊間還有戚風紙模、磅蛋糕紙模可供選擇，這不失為節省荷包的最佳選擇。

**★餅乾壓模**

各式各樣壓模不僅可用來壓切各式餅乾，亦可作為塔皮、派皮塑型用，甚至壓切造型巧克力作為裝飾等，種類繁多，建議視需要慢慢蒐藏即可。

**★矽膠模**

可進烤箱高溫烘烤、也可進冷凍庫低溫塑形，彎曲幅度大，不沾黏也易於脫模，是近年來頗流行的模具，使用上的禁忌是：勿用力拉扯、不要用刀具刮傷，不要用硬質刷子刷洗，只需用柔軟海綿沾點中性清潔劑清洗即可。建議大家慎選矽膠材質及品牌。

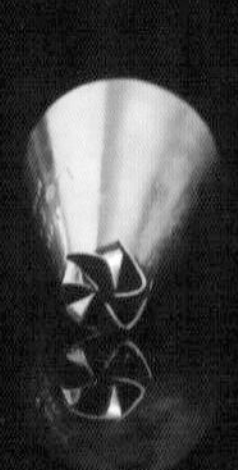

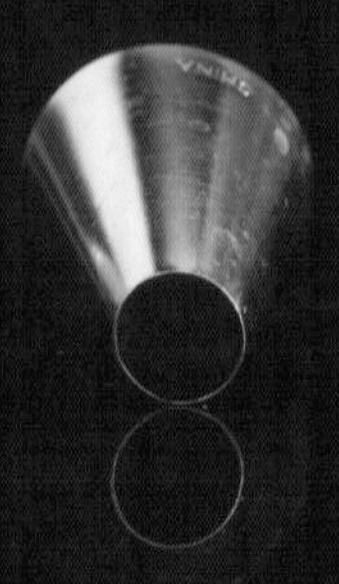

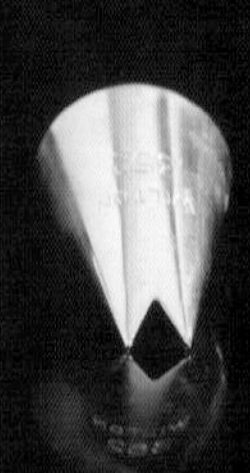

**★重石**

盲烤塔皮時，需要重石壓覆在塔皮上，以防塔皮烘烤後鼓起變形，若無重石，也可用豆類來替代，只是豆類經幾番烘烤後，重量會越來越輕，記得要適時的更新替換。

**★球形挖球器**

不僅可用來將水果挖取成一球一球狀來裝飾蛋糕，用來挖取蘋果、水梨的果核、芭樂去籽都很方便。

**★蛋糕旋轉台**

若要用打發鮮奶油來妝點整顆蛋糕，有了旋轉台就會順手許多。

**★電子溫度計**

進行隔水加熱或是巧克力調溫時，有了電子溫度計就可正確調溫。

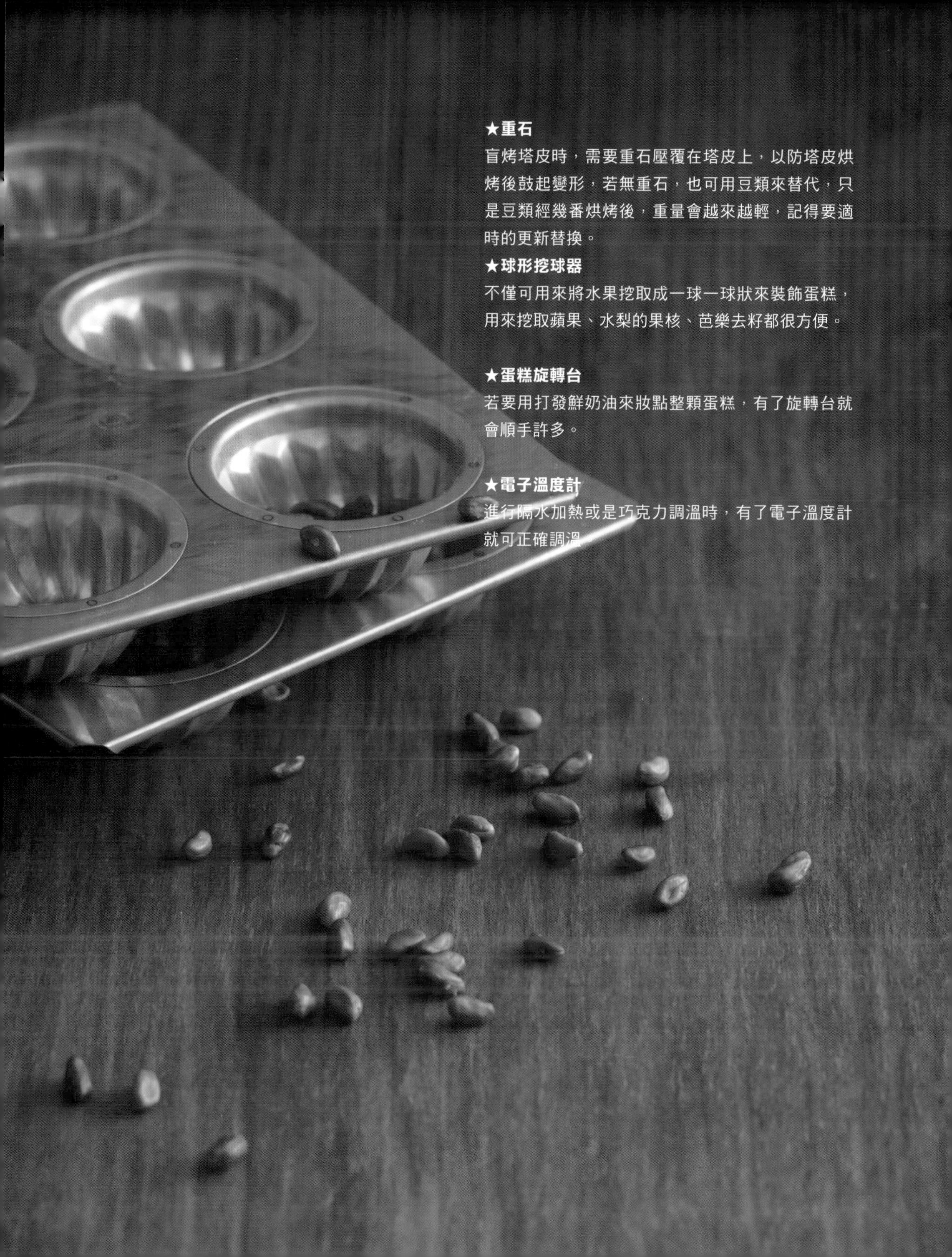

## 要有哪些食材才能隨時興之所至的做糕點呢？這些食材有哪些特性？使用注意事項是什麼？

玩烘焙的素材不離雞蛋、糖、奶油、麵粉，只要有它們就能做出蓬鬆綿柔、口感濕潤的西式家常糕點，萬變不離其中，所有糕點都在這4樣食材的比例間增減變化著。而其他乳製品、巧克力、風味粉（抹茶、茶葉）、堅果、果乾…等更是豐富了口味、富饒了味蕾感受。接下來，我們只要能了解下列食材特性，就能隨喜好應用並提高糕點的成功度。

再囉唆一句，家常甜點究極追求的不是華麗炫技的外表，亦不是繁瑣耗時的工序，而是用心細選食材上，只要是新鮮、天然無多餘人工添加物的食材，味蕾自然會感受到，所以**越是簡單的甜點，食材的挑選越是重要。**

**雞蛋**

雞蛋在糕點中扮演著極重要的角色，因為蛋糕能膨脹鬆綿的烘烤成功，最主要的原因是靠打發雞蛋。具有起泡性的蛋白，打發後可做成戚風蛋糕、馬林糖（Meringues）、舒芙蕾…等，而香氣濃郁的蛋黃又可做成萬用卡士達醬以及布丁，整顆用或是分開用，皆有其特長所在。

蛋黃中所含的卵磷脂，有助於油、水分乳化，在奶油中要混拌入雞蛋，則會出現「乳化」。在糕點製作過程中，乳化是最重要的，乳化失敗則油水分離，糕點的口感猶如「粿」般難入口。

如何選用：
在食譜中，大多以「顆」為雞蛋計量單位，但是雞蛋尺寸大小若誤差值過大，可是會影響成品的，導致每次成品口感會有所不同。一般來說，L尺寸的雞蛋重量是55g以上（蛋黃20g，蛋白35g以上），M尺寸的雞蛋重量是50g（蛋黃20g，蛋白30g），所以，請務必看清食譜作者所明列的雞蛋尺寸。

使用訣竅：
需要分蛋時，請務必謹守「一次一顆雞蛋打入分蛋器中」、「確認蛋黃無破損且完整的停留在打蛋器上」、「流瀉至打蛋盆中的蛋白無沾黏到蛋黃」三件事。如此則可將蛋黃及蛋白分別倒入其調理盆中，之後再同上步驟繼續打下一顆蛋。如此可確保在打多顆雞蛋時，也不會發生一粒老鼠屎（一顆破損的蛋黃）壞了整鍋粥（蛋白）的悲劇。謹記，蛋黃中的油脂成分會導致蛋白無法打發的。

請攪散雞蛋後再進行測量重量。若食譜中要求使用30g雞蛋，則請整顆雞蛋確實攪拌均勻後，再進行秤重。同理若僅需單獨使用蛋白，則確實分蛋取出蛋白，一樣將蛋白攪拌均勻後再秤出所需克數。

保存方式：
雞蛋新鮮度對糕點風味來說，可是有影響的，建議雞蛋買回後儘速放冰箱冷藏，以維持其新鮮度。若是食譜中指定用常溫雞蛋，可於1-2小時前取出放室溫回溫。

**砂糖**

砂糖不僅是糕點甜味的來源，還有影響濕潤度與色澤的要角。千萬不要擅自大量減少食譜中砂糖的指定用量，因為砂糖用量減少，會讓糕點失去濕潤度。

砂糖不僅是水分來源亦有著保水特性，打發蛋白時，砂糖還能讓氣泡水分子更有力的結合，以利打發成緊實細緻的蛋白呢。反之，砂糖也不能添加過量，糕點不僅容易燒焦，且口感厚重。常用的砂糖種類有：

**細砂糖**

結晶小，風味單純，是西式糕點中最常使用的砂糖種類。

**上白糖**

結晶細緻，甜度高，是日本頗受歡迎的砂糖。

**三溫糖**

三溫糖是以製造上白糖後的糖液所製成，經過三次加熱和結晶處理，故名三溫糖。顆粒細小，蔗香濃厚不膩口，是Betty愛用的砂糖種類之一。

**純糖粉**

是將細砂糖再細磨而成，狀如粉末，故稱之為糖粉。主用在餅乾、甜塔、馬卡龍、糖霜的製作。

**防潮糖粉**

成分主要是純糖粉及玉米粉，輕撒裝飾糕點時使用。由於添加玉米粉有防潮作用，糖粉比較不易因糕點的水分而浸潤沾黏，裝飾效果會比純糖粉的使用更佳。

**赤砂**
蔗糖風味濃郁，甜度高，例如烤布蕾上層焦脆的烤糖，就建議用赤砂來製作，甜味濃厚，焦色光澤誘人。

**黑糖**
未精緻而直接熬煮而成的蔗糖，有著大量維生素與礦物質，高雅甜味也是日式風味甜點愛用的選項。

**楓糖漿**
淡雅柔順的氣味，帶給糕點甜味有著不同的風情，建議選擇純天然的楓糖，氣味更是加分。

**蜂蜜**
市售蜂蜜風味眾多，舉凡常見龍眼蜜、荔枝蜜、百花蜜，還有歐美常見的薰衣草蜜、迷迭香蜜…等，可視個人喜好選擇來製作糕點，但是各品牌蜂蜜的甜度風味略有不同，用量上再行斟酌。

**椰子花蜜糖**
是從椰子花中採收出來，顆粒細小，風味雅緻，是近年來頗風行的低GI食品，在此提供給大家多一種甜味選擇。

保存方式：
所有的糖類建議密封，並存放在陰涼處，以免受潮結塊或是高溫變質。

**奶油**
糕點出爐時，那撲鼻直騷動口慾的香氣，都要拜奶油所賜。奶油有分無鹽奶油及含鹽奶油，製作糕點時請用無鹽奶油，以免鹹味過量而壞了糕點風味，另還有添加乳酸發酵的發酵奶油，風味更是濃郁且不膩口，是法國糕點製作的主流。家常甜點的製作訴求是，能自己做主挑選天然食材以做出健康的甜點，所以酥油、白油、乳瑪琳…等人造植物油性奶油，不僅風味不如天然奶油，更不建議家庭烘焙使用。

如何選用：
不同形態下的奶油，作用皆不同，室溫回軟的狀態適合拿來做磅蛋糕、餅乾…等；融化狀態的適合拿來做海綿蛋糕、泡芙等。

保存方式：
奶油一經融化成液態後，就不適宜再拿來打發，因為結晶構造已改變。奶油的保存以密封放冷藏為主，若使用速度不快時，亦可分切冷凍保存，使用時，則取出要用的量放冷藏退冰。

**麵粉**
麵粉含蛋白質及澱粉，依蛋白質的含量分為高筋麵粉、中筋麵粉、低筋麵粉，而蛋白質與水結合後會形成麵筋，麵筋越多則口感彈性就會越大。

**高筋麵粉（Bread Flour）**
又名強力粉，蛋白質含量11%-13%，多為麵包、吐司…等製作用。

**中筋麵粉（All Purpose Flour）**
又名粉心粉，蛋白質含量8%-11%，多為包子饅頭、水餃皮、麵條…等製作用。

**低筋麵粉（Cake Flour）**
又名蛋糕粉，蛋白質含量6%-8%，多為蛋糕、西點、餅乾…等製作用。

另外，還有全麥麵粉（又名全粒粉）、 裸麥麵粉…等，較常用於製作麵包。

使用訣竅：

糕點製作常使用到手粉，到底何謂「手粉」呢？在壓擀塔、餅乾麵團時，為避免麵團沾黏在工作台上，所以會先在工作台上撒些麵粉，這麵粉即手粉。建議使用高筋麵粉當成手粉，因為不易結塊、不易沾黏。同理，若使用非不沾的烤模，為方便烤後糕點能輕易完整地脫模，一般都會在烤模上塗上一層薄薄的奶油，再輕撒一層麵粉，也建議同樣使用高筋麵粉喔。

保存方式：

所有的粉類建議密封保存，並存放在陰涼處，不要一次添購太多，請在效期內使用完畢。

## 牛奶、鮮奶油

牛奶、鮮奶油都是由牛奶而來，添加在糕點中，能為糕點增添甘甜乳香。牛奶能大量應用於奶酪、布丁、卡士達醬、可麗餅、戚風蛋糕…等中，而鮮奶油具起泡性，乳脂肪含量在35%-50%間，多用於打發鮮奶油及製作慕斯。

如何選用：

市面上還有一種植物性鮮奶油，主要成分棕櫚油、玉米糖漿、氫化物、乳化劑、香料、色素…等，雖打發後穩定性較高，但香氣口感皆不如來自天然生乳的動物性鮮奶油，故居家烘焙著實不建議使用。

保存方式：

牛奶、鮮奶油皆需冷藏保存，尤其鮮奶油開封後建議儘快用完。常常有朋友問Betty：「鮮奶油這麼一大罐，是要如何消化掉？用不完好浪費啊」，是啊，沒錯，牛奶還能拿來直接生飲用[illegible]的，但鮮奶油直接灌這招可不行呢，Betty提供幾個鮮奶油的用途給大家參考，幫助大家速速去化掉鮮奶油，畢竟食材還是趁新鮮吃最好。可以用鮮奶油煮白醬義大利麵、烤鹹派、焗烤，煮牛奶糖、冰淇淋、提拉米蘇、瑞士卷內餡、奶酪、布丁、泡芙、慕斯、烤布蕾、起士蛋糕…行筆至此，你看看用途之多，相信各位一定可以找到喜愛的去化方式。

再次強調，動物性鮮奶油不可冷凍，一經冷凍就無法打發囉。

### 巧克力、可可粉

首先我們先來了解巧克力是怎麼做成的，巧克力的原料可可豆在乾燥、發酵、去皮後取出可可仁，磨碎可可仁後做成黏稠狀的可可膏，可可膏中去除可可脂，再研磨過篩即是可可粉，若可可膏再添加可可脂、香料、砂糖等即是巧克力。

巧克力按可可膏、可可脂含量分為苦甜巧克力、牛奶巧克力、白巧克力，成分也略有不同。

適合做甜點的就是上述三種調溫巧克力，口感滑順絲柔，可可風味富饒。

另還有一種稱為免調溫巧克力，即在調溫巧克力中添加植物油和香料，調整成可直接食用的狀態，它的巧克力風味雖無調溫巧克力來的濃郁，但是使用便利，可免去巧克力調溫失敗造成的浪費。

為何稱作調溫巧克力？簡單的說，巧克力中的可可

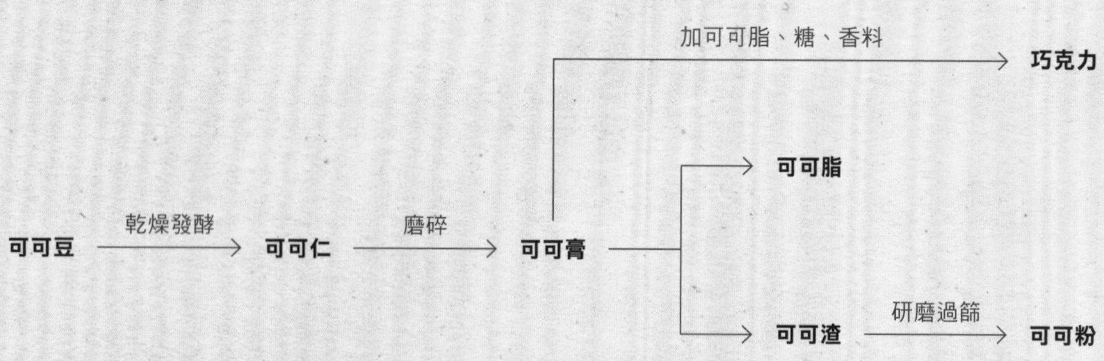


| 調溫巧克力分類 | 可可含量 | 成分 | | | |
|---|---|---|---|---|---|
| | | 可可膏 | 可可脂 | 砂糖、香草…等 | 奶粉 |
| 苦甜巧克力 | 50% 以上 | V | V | V | |
| 牛奶巧克力 | 32-43% | V | V | V | V |
| 白巧克力 | 28-35% | | V | V | V |

註：打v表示有此成分

脂光是融化，是無法使它再度結晶的，需要經過升溫、降溫、再升溫的調溫動作，才能使巧克力出現均一的光澤、滑順化口的特質。

選用與保存：
調溫巧克力的挑選請依照食譜列示的%來選購，誤差值在正負5%範圍內，大致上不會有問題。此外，製作甜點的可可粉要選用無糖可可粉為佳；巧克力的保存以密封放在冰箱冷藏為佳。

**香草莢、香草精**
香草莢是甜點中頗昂貴的香料，依品種、產地、長度，價格皆不同。香草莢分為波本及大溪地兩品種，而以波本為大宗，波本香草莢產地則以馬達加斯加及留尼旺島最為著名。

使用訣竅：
如何使用香草莢呢？最常用的方法是縱向剖開後，用刀尖刮出香草莢內側的香草籽來使用。而剩下的香草莢呢？這可不要浪費，這殘留的香草莢也是充滿著香氣的天賜良物，將其放入砂糖罐中，這香草的香氣就會慢慢移至砂糖裡，可用這香草糖來取代一般砂糖做甜點，就會有著隱隱淡雅的香草香。

另外，英國電視名廚Jamie Olivier也有款香草糖，香氣更加濃郁，提供給大家參考：取4根香草莢先切段，每段約2.5cm（1英寸）左右，再將切段香草莢與1kg的砂糖，放進食物調理機中，打成質地均勻的細砂狀即可，最後裝進密封罐並置於陰涼的地方保存，靜置1-2星期，待時間將這兩種介質充分融合，即可使用。當然，若你想讓香草風味更加強烈，亦可多放幾根香草莢也無所謂。

除了香草莢外，還有一種更方便使用的液狀香草精，分為天然及人工合成的，其價格差異頗大，當然天然香草精香氣及風味是人工合成的香草精所大大不及的。香草莢、香草精主要用於烤布丁、奶酪、卡士達醬、餅乾…等，可增添香氣並去除蛋腥味。

保存方式：
選購香草莢時，以微微濕潤、色黑、肥厚的為佳，密封保存置於陰涼處。

**吉利丁、吉利T**
吉利丁與吉利T都是製作糕點時所使用的凝固劑。吉利丁是由動物骨骼或是皮所取得的膠原蛋白，有板狀及粉狀兩種，而一般板狀吉利丁使用上較為普遍。

使用訣竅：
板狀吉利丁1片約2-2.5g。板狀吉利丁要先泡大量冰塊水還原，大概泡個5-10分鐘就會膨脹變軟Q，此時就可以取出吉利丁並擠乾水分，再放入約50-60度C的液體中，攪拌至完全融化或是隔水加熱使用。

板狀吉利丁開始溶解的溫度約20-30度C，所以在口中的溫度即可完全融解糕點，適合做慕斯、奶酪、巴巴露亞…等甜點，化口性極佳。至於成品冷藏後無法凝固的原因有二，一為「加熱過度」，溫度過高會破壞吉利丁的凝結力。二為「遇到酸」，酸性水果中有著酵素，也會破壞吉利丁的凝結，如奇異果、鳳梨等，則需取部分水果先加熱，破壞酵素後再使用。而吉利T是由海藻為原料製成，凝固後具高透明度，口感Q脆，主要用於製作果凍，常溫下即可凝固。使用時，需將吉利T與砂糖拌勻後倒入液體中，再加熱至約80度C左右才會溶解。

保存方式：
吉利丁、吉利T皆建議放在陰涼的地方保存。

吉利丁使用方式：

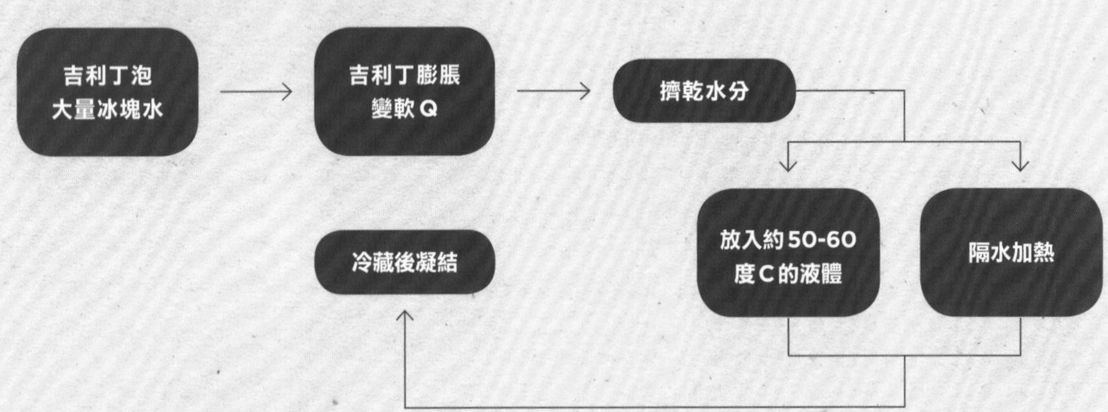

**洋酒**

烘焙上常用的有蘭姆酒，以及有著柑橘香氣的君度橙酒、和濃烈咖啡香的卡魯哇咖啡酒…等，可以增添糕點風味，亦能消除雞蛋腥味。

**泡打粉（Banking Powder）**

有助於糕點烘烤時的膨脹，用量需斟酌，若使用過多時會有苦味，一般與低筋麵粉一起過篩使用。請購買不含鋁的泡打粉，較無健康疑慮。或許會有朋友對於糕點中添加泡打粉有所顧慮，其實這泡打粉在西式糕點中的使用，已有非常長久的歷史，是屬頗安全的添加劑。當然，也不盡然所有糕點一定要添加泡打粉，運用不同技法打發，一樣也可以有著蓬鬆口感。

**抹茶粉、茶葉**

抹茶粉以及各式茶葉（紅茶、伯爵、花草茶…等）是來變化糕點口味及色澤用的。抹茶粉請選用烘焙用抹茶粉，保色度、香氣會比一般泡茶用的抹茶粉好。至於茶葉，若是要直接添加於糕點中，請用食物調理機先磨細，才不至於影響口感。

保存方式：

抹茶粉要密封並置冰箱冷藏，而茶葉則密封置於陰涼處即可。

**果乾、堅果**

乾燥過後的水果，甜度香氣都更勝一籌，加進糕點中常見的果乾有：葡萄乾、蔓越莓乾、鳳梨乾、芒果乾、藍莓乾…等。而果乾可以浸泡在洋酒中，風味更是一絕，例如蘭姆酒葡萄乾。烘焙常用到的堅果有：杏仁、核桃、松子、腰果、榛果、開心果、胡桃…等，可切碎或整粒用都可以。堅果若是生的、未經烤焙過，可放烤箱，以150度C低溫烘烤至上色，或是取一平底鍋，以小火炒至上色，至出現油光亦可。

保存方式：

果乾、堅果一經開封，也請密封冷藏以維持鮮度。

吉利T使用方式：

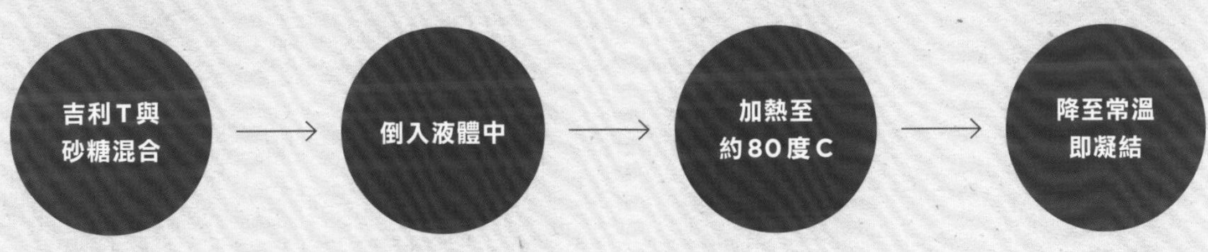

## Q 食譜指定的模具尺寸我沒有，若用別的模具尺寸，如何換算食譜的份量？而烘烤時間怎麼調整？

當然，不可能每種模具、每個尺寸，家裡隨便一翻就生出一個，此時就好希望有個小叮噹的萬用口袋～所以，這裡就來教教大家一些「簡單」的容量計算，這樣不管模具要圓要方、甚至奇形怪狀都不是問題了。

## 圓型模具

圓型體積的計算公式為「半徑＊半徑＊π＊高」。

1個直徑6吋戚風蛋糕模的體積：7.5*7.5*π*10=562.5π$cm^3$（註）

1個直徑8吋戚風蛋糕模的體積：10*10*π*11=1,100π$cm^3$（註）

## 註

換算：1吋=2.54cm，π是圓周率，π=3.14cm
直徑6吋約是15cm，所以半徑則是3吋，3吋約為7.5cm；直徑8吋約是20cm，所以半徑則是4吋，4吋約為10cm。

要用直徑8吋的蛋糕模取代直徑6吋蛋糕模時，食譜份量就需是直徑6吋蛋糕模的約2倍（1,100π/562.5π=1.96）。

反之要用直徑6吋的蛋糕模取代直徑8吋蛋糕模時，食譜份量就需是直徑8吋蛋糕模的約0.5倍（562.5π/1,100π=0.51）。

## 方型模

方形體積的計算公式為：長＊寬＊高。

1個20cm方形模的體積：20*20*5=2,000$cm^3$

1個25cm方形模的體積：25*25*5=3,125$cm^3$

要用25cm的烤模取代20cm的烤模時，食譜份量就需是20cm的烤模的約1.6倍（3,125/2,000=1.56）。

反之要用20cm的烤模取代25cm的烤模時，食譜份量就需是25cm的烤模的約0.6倍（2,000/3,125=0.64），而長方型一樣以此類推來計算。

## 不規則形狀的模具

像咕咕霍夫模，則是將模具裝滿水，計算出水的淨重，來計算置換比。而不同屬性模具間的替換，如圓形換成長方形，或是長方形換成正方形，或是圓形換成咕咕霍夫模…一樣是依上述體積計算公式來換算置換比。

而模具置換後，烘烤時間一定是需再斟酌，如原本是20cm方形模，體積是2,000$cm^3$，改成直徑6吋（15cm）圓型模，體積是562.5π$cm^3$（也就是1,766$cm^3$）。

雖然模具容量變得較小，理論上烘烤時間也應縮短，但是6吋圓形模的「受熱面積」可是比20cm方形模來得小，但「深度」卻是增加的，所以烘烤時間可能得延長，所以請視自家烤箱狀況來斟酌烘烤時間，用蛋糕探針（或是竹籤）刺入不沾黏才是烤熟。

## Q 烤箱一定要預熱嗎？預熱要設定幾度？要預熱多少時間？

從低溫開始烤焙，會導致花較長的時間才能烤熟糕點，因此會讓糕點口感變得較乾，以及烘烤過長的時間，也會讓糕點過於上色，所以烤箱一定要預熱，萬萬不可麵糊都拌好了，才猛然發現烤箱沒在運作，這可是會嚇到心臟病發的。

一般家用小烤箱預熱至食譜指定溫度約莫需10-20分鐘不等，且預熱時，溫度請高於食譜所指定溫度10-20度C，等麵糊放入烤箱後，再調回食譜指定溫度。也就是說，若食譜指定要用180度C來烘烤，那預熱期間的烤箱溫度請設定190-200度C，等麵糊放入烤箱後，就將溫度再轉回180度C。

需注意的是，麵糊本身是常溫的，以及麵糊放入烤箱在開關烤箱門間，一般會讓家用小烤箱溫度下降個10-20度C左右，然而每台烤箱狀況不同，請細心觀察自家烤箱狀況來做調整。

## Q 烘烤期間，糕點上色不均，或是太焦了？怎麼辦？

烤箱或多或少都存在著火力不均的狀況，像Betty家的烤箱，一向是越靠烤箱內部地方的糕點先上色，而越靠近烤箱門邊的總是上色較慢，所以當發現烤箱內部的糕點已經開始上色時，就會取出烤盤掉頭烘烤，如此內外邊的糕點上色狀況才會較一致。

對於溫度變化較敏感的糕點，如泡芙，一定得等到泡芙的裂口已經上色，才可開烤箱門掉頭烤盤；而身形較高的糕點，因離上火較近，在烘烤期間上色很快時，可拿張鋁箔紙覆蓋在糕點表面，即可避免表面焦黑。

## 爲什麼烤個蛋糕，老是忙得昏頭轉向，份量秤錯不說，器具材料老是找不到？

為了能從容、優雅的烘焙，重點還得要烤出個成功像樣的蛋糕，下面幾樣事前準備工作只要確實按部就班的做到，相信你也能像法國媽媽一樣，興之所至、隨手捻來都能做出充滿溫暖、入口滿滿幸福的糕點。

### 1　先熟讀食譜再記錄配方

食譜流程、注意事項、小撇步…等都要仔細閱讀，最後請拿張白紙，將所需食材按操作順序寫下來，以及需預先準備的事項，如奶油回溫、隔水加熱、泡吉利丁片、烤模鋪紙等，也一併註明在旁邊，這樣在操作過程中只要按圖索驥就不會慌亂，只要記得一步一步慢慢來就好。

### 2　預熱烤箱

烤箱要到達食譜指定溫度皆需一段時間，約莫10-20分鐘不等，得視各家烤箱廠牌而定，所以烤箱一定要預熱，有些麵糊（如戚風蛋糕）可是不等人的。

### 3　秤量材料並按使用順序排好

將食譜所需材料全部確實秤重，Betty還有個小習慣，是將秤好的食材再按操作攪拌順序一一排隊好，這樣在操作過程中，只要按順序拿取食材混拌，也不會發生漏放食材，或是順序顛倒的窘況。另外，所有食材請一定要一次確實秤量，不建議邊做邊秤，不僅慌亂，還有可能造成食材等待過久不新鮮。

### 4　備齊器具及所需模具

將所需的器具、模具一併放在雙手可及的地方，或也可用一個收納桶將常用的刮刀、打蛋器、抹刀等通通收納在一起，要用時直接整桶拿出來也方便。

### 5　開始做預先準備的事項

先將白紙上記錄的預先準備事項一一完成，如奶油回溫、隔水加熱、泡吉利丁片、烤模鋪紙等。請一定要確實做到，這部分可是大大影響糕點成功率的重要因素之一。

好啦，以上前置步驟若都有確實做完，那就可以自信地邁入下個階段了。

# LESSON1
# BASIC PASTE & CAKES
# 基礎麵糊&蛋糕類

為讓甜點口感好吃、外觀上相，基本功一定要先練好，
『想要功夫好，馬步先蹲好』，只要馬步蹲的紮實穩健，
就能應用於各式糕點中做變化。我們先就從打發蛋白、打發全蛋、
打發鮮奶油、打發奶油、糕點種類介紹、基本奶醬的製作，
以及混拌手法中開始練功吧！

*Basic paste & cakes*

### 技巧1

# 如何使用擠花袋？擠花袋的握法又是如何呢？

擠花袋的使用在糕點製作中，不論填餡或是裝飾頗是頻繁，
而一般家庭少量的擠花會建議採用拋棄式擠花袋的材質較衛生。

1-1

1-2

1-3

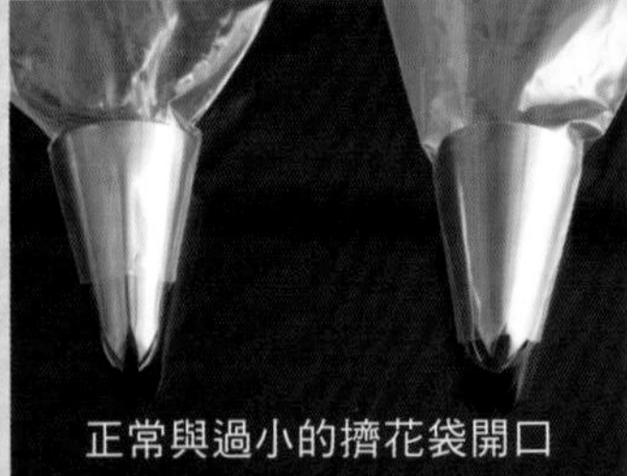
正常與過小的擠花袋開口

**Step1　將擠花袋前端剪開**

將花嘴放入擠花袋中，找出花嘴前端約1/3的位置，用剪刀輕輕劃一圈，割一記號，再將擠花嘴退開，用剪刀於此處剪開擠花袋袋口。

**POINT!**　如此將花嘴往前推時，花嘴前端1/3處即可露出袋外，剪開的開口，不要過大或是過小，過大容易造成花嘴脫落，而過小的擠花袋開口則會影響擠花的成型。

2

3

**Step2　裝入花嘴**

將花嘴裝入再往前推，則會露出前端1/3，將花嘴尾端的擠花袋轉幾圈再塞入花嘴內側。

**POINT!**　此動作可防止接下來裝填餡料時，因推擠而使餡料擠出袋外。

**Step3　裝填餡料**

找一個高度約是擠花袋一半的量杯，將擠花袋前端放入量杯中，而尾端多出來的擠花袋摺向量杯外，最後用刮刀填入餡料。

**POINT!**　用量杯或是容器來輔助支撐擠花袋，會較便利。

**準備器具**

- 擠花袋
- 花嘴
- 刮刀
- 量杯
- 刮板

4-1

4-2

**Step4　用刮板推緊餡料**

用刮板將餡料往前推緊，讓餡料集中於前端也可去除多餘空氣。

**POINT !**　若無刮板，用根筷子橫向往前推擠也行。

6-1

6-2

**Step5　擠花袋握法**

右手將擠花袋尾端旋緊後，左手將前端花嘴往前拉，即可鬆開之前塞進花嘴的擠花袋，右手輕輕用力將餡料往前推進，讓餡料跑至花嘴口。

**Step6　擠花手法**

右手負責施力擠出餡料，而左手則是於花嘴處控制方向及穩定支撐用。

**POINT !**　步驟5、6若是慣用左手者，請反向操作。

技巧 2

# 如何鋪烤盤紙？該用何種紙質呢？又為何要鋪紙？

烘焙一切的開端，從鋪烤盤紙開始學起！選用烘焙紙或白報紙都可以的。
而鋪紙的目的除了防沾黏之外，也方便讓比較深的烤盤能順利脫模喔。
至於烤盤紙如何鋪呢？以下示範幾種不同形狀烤盤的舖紙方法。

**適用：方形、長方形烤盤**

Step1

如果烤盤是25cm正方、高5cm，先將烘焙紙（或白報紙）裁剪成37 x 37cm的正方形，為何是37cm呢？因為烤盤是25cm加上兩邊的高各是6cm，所以是25+6+6=37。但明明高是5cm，為何寫6cm？因為要多預留1cm左右，出爐要取出蛋糕時，直接拉著邊緣多出來的那1cm就方便多了。當然也可多預留點，1-2cm之間都可以，但是不要預留太多，一來會容易塌垮、二來也會遮住上火。

Step2

見下圖，請沿著紅色虛線先摺出線條。

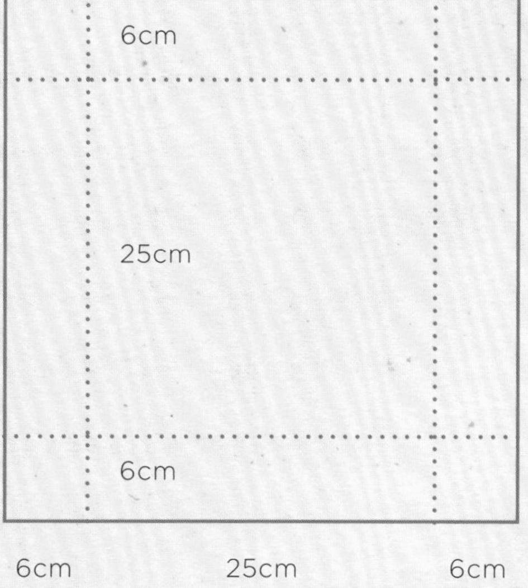


Step3

再沿著綠色線條剪開。

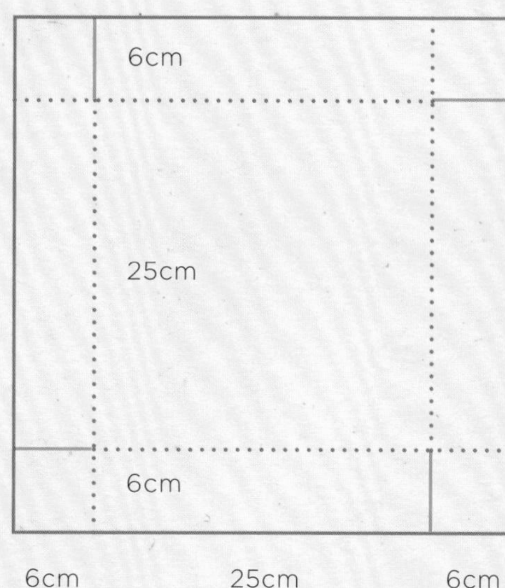


Step4

將摺線立起，則可鋪入烤盤。

**適用：圓形烤盤**

Step1

取一烘焙紙（或白報紙）裁成比圓形模直徑還大的正方形，並沿著虛線對摺成一個小正方形。

對摺之前

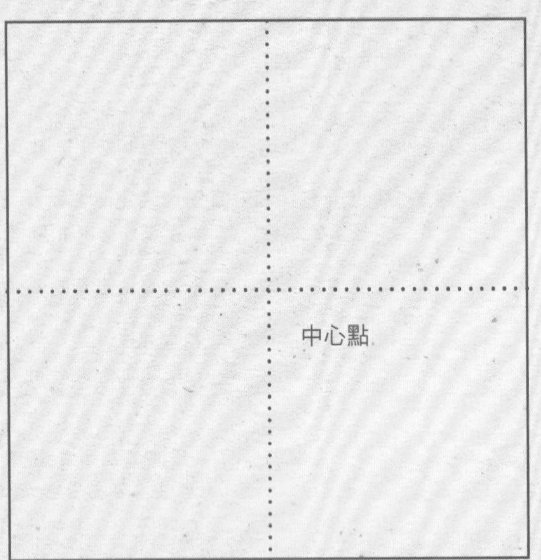


Step2

以小正方形的中心點為基準，沿著虛線再對摺一次後變成三角形；以中心點再對摺一次，即變成一個更細長的三角形，最後再對摺一次。

對摺再對摺之後

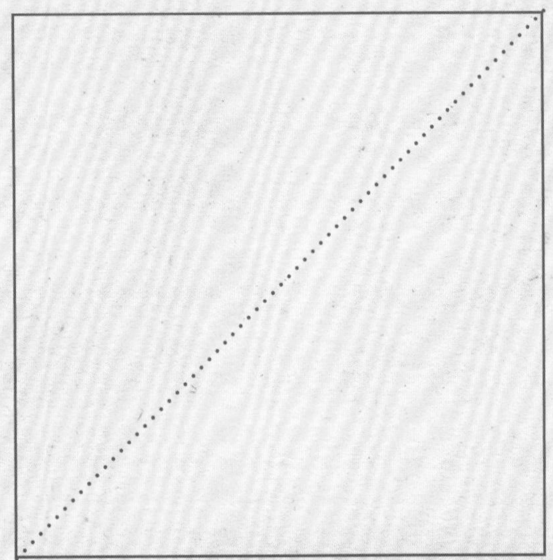

### Step3

取出圓形模，並找出圓形模的中心點，將對摺好的烘焙紙中心點對著圓形模的中心點，並將超出圓形模的烘焙紙剪除，這樣攤開烘焙紙後，就會完成符合圓形模底部直徑大小了。

**Betty's Baking Tips**

若是鋪紙於比較深或大的烤盤時，烘焙紙會易鬆垮，則可在烤盤上先噴一層薄油，再鋪上烘焙紙，就可避免囉。

A-1

# 蛋白打發：蛋白霜點心

花點時間先學會打發蛋白的技巧，

之後就能依此變化出經典的法式家常甜點，

簡單就能在自家餐桌上漂亮呈現。

學會打發蛋白霜後的烘焙練習！

RECIPE1

小巧玫瑰馬林糖

RECIPE2

榛果巧克力達克瓦茲

技巧 3

# 如何成功打發蛋白？蛋白霜需打發至何種程度？

要成功將蛋白打發，幾個注意事項請一定要先遵守：

**打發蛋白的器具要無油無水**

打發蛋白使用的「調理盆及電動攪拌器的攪拌棒」需確實清洗乾淨，不能有任何的油漬及水珠殘留，請謹記。

**蛋白需先冰過**

請使用冷藏冰冷的蛋白，如此能打出氣泡堅實細緻的蛋白霜。

**蛋白蛋黃確實分開**

分蛋時，請確實將蛋白與蛋黃分乾淨，蛋白中不要殘留破損的蛋黃，甚至滴點偷渡的蛋黃液。

**蛋白打發後請儘速使用**

打發蛋白完成後要立刻使用，不要遲疑喔，不然一消泡，之前打發的工就全白做了。

**打發時，分 3 次加砂糖**

打發蛋白時加入適量的砂糖，運用砂糖的保水性能讓蛋白的氣泡更安定。但是不建議砂糖一次全加入，打發過程中請分 3 次來投入，這能讓蛋白霜的膨脹度更高。

準備器具

- ○ 調理盆
- ○ 電動攪拌機

Step1　低速打至起泡

調理盆中放入蛋白，用電動攪拌機先以低速攪打，待大量起泡後倒入配方中約1/3量的細砂糖，記得前段提到要分3次投入砂糖嗎？所以砂糖每次的投入量都是約莫是1/3量。

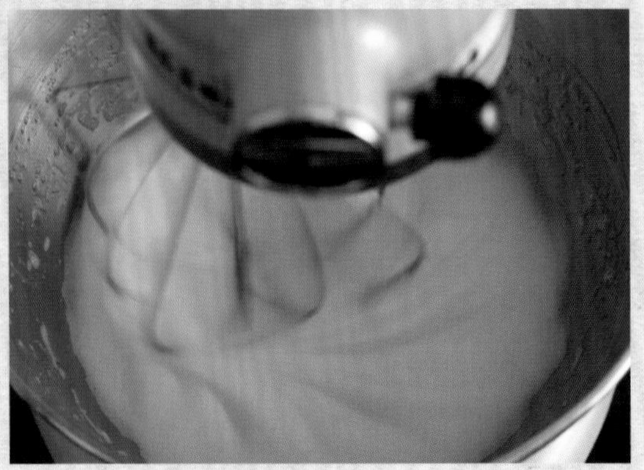

Step2　高速打至明顯紋路

轉高速攪打至蛋白呈現明顯紋路，此時的蛋白霜的狀態為泡沫變得較細，但是仍會在盆中流動，此時投入第2次砂糖，並再繼續攪打。在投入砂糖後，蛋白霜會變稍軟，這是沒關係的，再繼續攪打下去就對了。

NG！蛋白霜大彎勾

Step3　用攪拌棒舀起時，呈現豎起的蛋白霜尖角

待蛋白霜出現光澤，蛋白明顯紋路再度出現，若用手持電動攪拌機攪打的話，會感覺到手感變重，稍感阻力，那是因為蛋白霜已越來越堅實，所以手能感受到那股阻力。

濕性發泡

此時投入剩餘砂糖，攪打至蛋白霜帶光澤且緊實，用攪拌棒舀起蛋白霜時，會緩緩呈現彎鉤鳥嘴狀，則為「濕性發泡」。

乾性發泡

再繼續攪拌一會，用攪拌棒舀起蛋白霜，若呈現豎起挺立的尖角即是「乾性發泡」。最後轉低速攪打個幾圈，讓蛋白霜的氣泡細緻些。

NG！過發

切記，蛋白勿打過頭，過度打發時，蛋白中的水分呈現分離狀態，外觀呈現蛋白泡破碎且質地粗糙、如棉花狀無彈性，如此則無法復返，再也回不去了。

NEXT!

只要學會以上打發蛋白的工序，你就能做出馬林糖（Meringues）了！再來更進階的，只需拌合些粉類就能烤出外部酥脆，內部鬆綿的達克瓦茲（Dacquoise），更厲害的是能入口如雲朵般輕柔質地的戚風蛋糕（Chiffon）也是靠打發蛋白來呈現的。

還有一種迷倒法國王公貴族的舒芙蕾（Soufflé）更是利用打發蛋白與卡士達奶油的拌合，製造出入口極柔滑的輕盈感。

# 小巧玫瑰馬林糖

## Meringues

做糕點時，常會剩下一些蛋白，此時Betty習慣兌上等比例的糖打發，就能烤些小巧身形的玫瑰花狀馬林糖（又名蛋白餅），外層薄脆、內部綿酥而入口即融，據說這馬林糖可是大大風行的馬卡龍前身呢！但工序卻比那「少女酥胸」簡單多了～

**食材**

- 蛋白 30g
- 細砂糖 30g
- 開心果碎 適量

**準備器具**

- 星型擠花嘴
- 擠花袋
- 量杯（容器）
- 刮刀
- 19cm調理盆
- 電動攪拌機

**烤箱溫度**

- 120度C

**製作份量**

- 約20個

## 做法

1 將蛋白與砂糖打發至乾性發泡（請見技巧3如何成功打發蛋白），再將打發的蛋白霜裝入擠花袋中（請見技巧1 如何使用擠花袋）。

2 擠出約2指寬（4cm）的玫瑰狀蛋白霜，上面撒些開心果碎，隨即送進烤箱，以120度C烤20分鐘，再熄火燜60分鐘。出爐時，手壓有酥脆感即可。

**POINT！** 為了讓馬林糖維持白皙色調，建議烤盤放最上層，僅開下火烘烤，最後再以「燜」的方式，來燜透馬林糖的中心。判斷是否烤熟的方法為，先取一顆對摺，若中心是乾的、是酥脆的，則是可以出爐了！倘若尚未乾透，中心還是有點軟軟的，則再開火預熱至100度C後熄火，再送進烤盤燜至熟透。

**POINT！** 亦可用圓形花嘴擠出水滴狀，或是直接用湯匙舀，形狀隨意也可；當然，若是份量愈大，則烘燜的時間也需斟酌拉長。

**Betty's Baking Tips**

蛋白餅很容易受潮回軟，所以建議一冷卻就馬上裝入密封罐中，可以維持其酥脆度。倘若要食用而真的變軟了、黏手了，可再放進烤箱中燜烤一下，將水氣烘乾。於室溫陰涼處約可保存1-2星期左右。

# 榛果巧克力達克瓦茲
## Chocolate Dacquoise

達克瓦茲是一種運用大量打發蛋白、杏仁粉、糖粉，以及少量麵粉所製成的蛋糕，經過高溫烘烤形成外部酥脆、內部鬆綿的口感。傳統上是做成較大尺寸，但亦可做成小巧狀，形狀可塑成圓片狀或橢圓長條狀，而內餡更是隨意，可夾進果醬、奶油餡、或是巧克力醬。

食材

- 杏仁粉　50g
- 糖粉　35g
- 低筋麵粉　20g
- 蛋白　70g
- 細砂糖　20g
- 市售榛果巧克力醬（Nutella）適量
- 糖粉　適量

準備器具

- 電動攪拌機
- 23cm調理盆
- 刮刀
- 圓孔花嘴（直徑 1cm）
- 擠花袋
- 網篩

烤箱溫度

- 180度C

製作份量

- 約8份

## 做法

1 先將杏仁粉、糖粉、低筋麵粉過篩備用。

2 將蛋白與細砂糖打發至乾性發泡（請見技巧3如何成功的打發蛋白）。

3 將過篩後的步驟1倒入打發的蛋白中，以切拌的方式輕柔地拌至均勻。

**POINT！ 切拌的手法**
在混拌蛋白霜與粉類時，為不破壞蛋白霜氣泡下，用刮刀從盆底輕柔地將麵糊舀起，而撂下的同時將刮刀轉為直立（如同拿菜刀般），記得從遠處往近身切開，一直重複此動作，似在寫日文「の」般，並適時的旋轉調理盆，讓每個地方的麵糊都能攪拌到，務必輕柔地重複動作至拌勻。

4 將拌勻好的麵糊裝入擠花袋，擠成約8cm長條狀，約可擠出16條左右（請參照技巧1如何使用擠花袋）。

5 輕撒上份量外的糖粉於麵糊表面，靜置約1分鐘，待麵糊吸收了糖粉，再輕撒一次。

**POINT！** 麵糊吸收了糖粉，經高溫烘烤後，會形塑出酥脆的口感。

6 馬上送進預熱180度C的烤箱，烤15分鐘左右，至外皮呈現金黃色，手觸摸有酥脆感即可。

7 出爐後，先置於網架待降溫，取外形、長度較接近的麵皮兩兩一組，一片底部抹上適量的榛果巧克力醬，另一片輕覆上即完成。

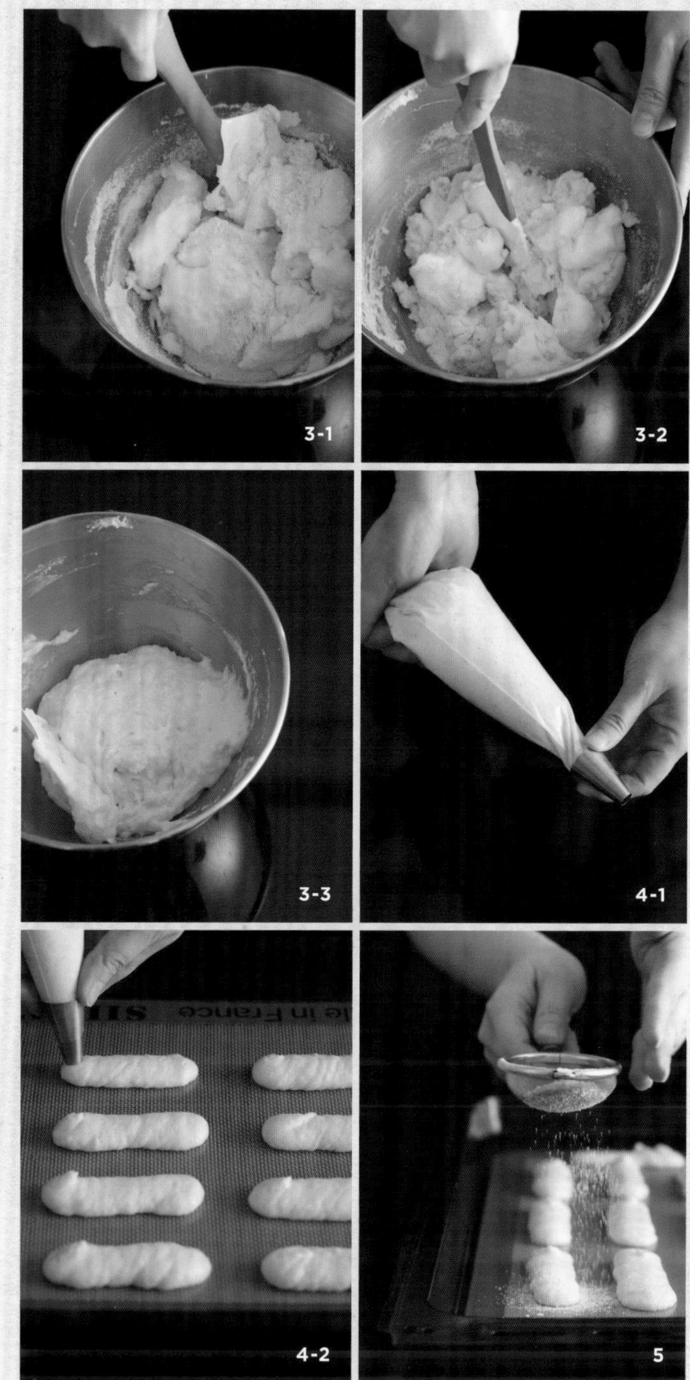
3-1 3-2 3-3 4-1 4-2 5

**Betty's Baking Tips**

1 於步驟5撒完第2次糖粉後，再輕撒上些開心果碎，增添視覺感和口感豐富性。
2 達克瓦茲降溫後，密封冷藏可保存約1星期左右，可於食用時再夾餡料。

A-2

# 蛋白打發：戚風蛋糕

戚風蛋糕是運用打發蛋白最徹底的甜點了，
大量的空氣感存在於蛋糕體中，口感極富彈性也輕盈，
不論切塊單吃或是當作裝飾蛋糕都很適宜。

學會打發蛋白後的烘焙練習！

RECIPE1
輕盈優格戚風

RECIPE2
酒香蘭姆葡萄戚風蛋糕

RECIPE3
成熟大人風咖啡戚風蛋糕

RECIPE4
秋收滿溢蒙布朗戚風蛋糕

## 先懂基礎！戚風蛋糕製作訣竅

1 請使用「非」不沾模。

2 建議打發蛋白霜的挺度為溼性發泡，口感才細緻。

3 加入粉類後，切勿過度用力或過度攪拌。

4 混合蛋黃麵糊與蛋白霜時，拌合動作要輕柔。

5 蛋糕出爐後，需立即倒扣，以免蛋糕體回縮。

chiffon cakes

原味基本款！

# 先懂基礎！戚風蛋糕製作&失誤解析

**食材**

- 蛋黃　4顆
- 植物油　40g
- 鮮奶　60g
- 低筋麵粉　70g
- 蛋白　4顆
- 細砂糖　60g

**準備器具**

- 直徑6吋日式戚風模（高10cm）
- 電動攪拌機
- 23cm調理盆（2個）
- 打蛋器
- 刮刀

**烤箱溫度**

- 180度C

## 做法

### ● 製作蛋黃麵糊

1 將蛋黃放入調理盆先打散，植物油分多次少量緩緩倒入，並用打蛋器持續攪拌至略變淺白。

**POINT！** 一次倒入太多油，無法完全乳化，請分次慢慢倒入。

2 再分2-3次倒入鮮奶並攪拌均勻。

3 將低筋麵粉篩入，輕柔攪拌至麵粉消失即可。

**POINT！** 力道請輕柔，不需過度用力或過度攪拌，只要麵糊呈現滑順即可，以避免出筋。

### ● 打發蛋白霜

4 再取一調理盆，將蛋白與細砂糖打發至濕性發泡（請參照技巧3如何成功的打發蛋白）。

**POINT！** 製作戚風蛋糕時，打發的蛋白霜挺度，以用打蛋器舀起「蛋白霜尖端呈現鳥嘴狀向下小彎鉤」，即濕性發泡就可，以這樣製作出來的戚風蛋糕組織會較細緻。若是將蛋白霜打發至堅挺亦可，則戚風蛋糕體體積較大，但組織較粗、氣孔也較多。

### ● 混合蛋黃麵糊與蛋白霜

5 取1/3的打發蛋白霜，拌入步驟3蛋黃麵糊中，用打蛋器混合均勻至無硬塊。

**POINT！** 由於蛋黃麵糊與打發蛋白霜這兩者的質地不同，所以取些許打發蛋白霜拌入蛋黃麵糊中，讓兩者質地稍接近，以利之後剩下打發蛋白霜的拌合。所以這裡的蛋白霜拌合，可用打蛋器「大範圍的畫圈攪拌」。

6 最後再倒入剩餘的打發蛋白霜，這時用打蛋器輕柔地混合至均勻無硬塊，最後再以刮刀確實翻拌全體麵糊幾下，讓麵糊更均勻。

**POINT！** 用打蛋器混合蛋白霜與蛋黃麵糊的話，會比刮刀更能均勻且縮短時間地拌勻至無硬塊，但動作務必輕柔，一手拿著打蛋器沿著調理盆緣畫小圈，慢慢地、輕柔地拌合，另一手則邊轉動調理盆。

**POINT！** 攪拌過與不及都是不行的，千萬不要擔心蛋白霜會消泡則快速混拌幾下，未拌勻的蛋白霜結塊可是會讓戚風蛋糕體出現大孔洞。同樣攪拌至無硬塊即停止攪拌，因為過度的攪拌讓蛋白霜消泡了，也是會讓蛋糕體塌陷長不高的。

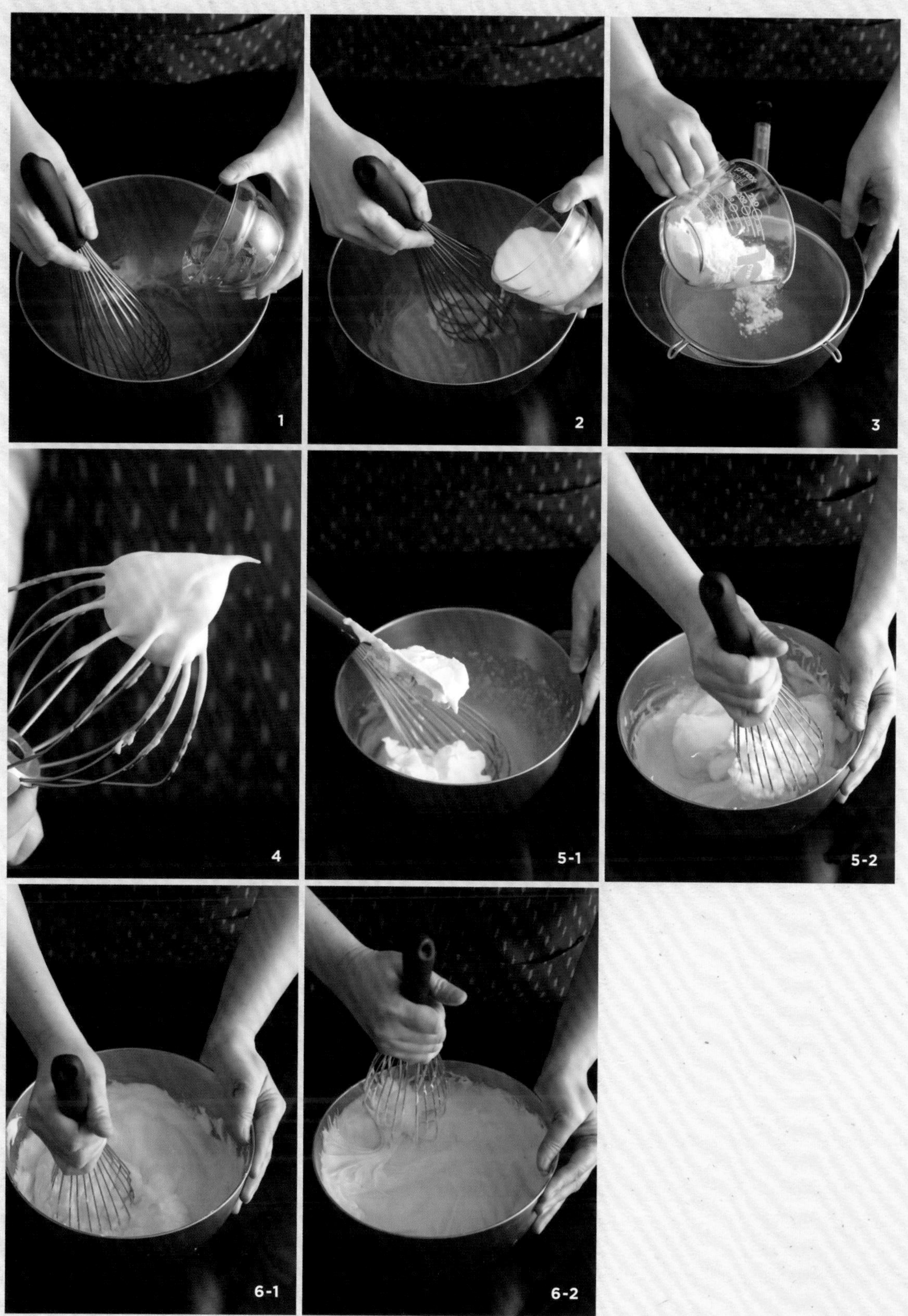
1
2
3
4
5-1
5-2
6-1
6-2

## 倒入模具

7 將拌勻的麵糊從高處倒入模具中，再用刮刀稍微抹平。

**POINT !** 從高處倒入的動作，可消除麵糊內的空氣，並減少些氣泡。

8 再舉起模具，約離桌面上約5-10cm處落下，如此輕震2-3次以消除氣泡。

## 烘烤

9 送進預熱180度烤箱烤 25 分鐘左右，至表面輕壓會回彈且有沙沙聲，以蛋糕探針(cake tester)或竹籤刺入，不會沾黏即烤熟。出爐立即倒扣在稍有高度的器皿上。

**POINT !** 蛋糕出爐後，需立即倒扣，蛋糕體才不會回縮。

## 脫模

10 待蛋糕完全降溫，拿一脫模刀(或是較細的抹刀)沿著模具側面劃一圈，再用手指用力頂一下模具底部，即可脫去模具外圈。

11 以脫模刀的刀刃中段插入蛋糕底部，並沿著底部劃一圈。

**POINT !** 這樣的脫模方式，會比用脫模刀尖端刺入的蛋糕底部來得平整，比較不會變得凹凹凸凸又傷痕累累。

12 最後剩下戚風模具中間隆起的煙囪，一樣利用脫模刀插入，沿著煙囪劃一圈再倒扣在盤子上即可脫去煙囪。

13 最後輕拍蛋糕體側面，拍落一些蛋糕屑屑即完成。蛋糕若無馬上食用，務必密封冷藏。

7
8
9
10
11
12

## 怎樣才是成功的戚風蛋糕呢？

我們先來說說戚風蛋糕外觀需呈現出怎樣的樣貌，
才算是烤出成功的戚風蛋糕，接下來再一一剖析什麼樣的外觀、
又會是什麼樣的原因，而造成戚風蛋糕外觀的不理想。

烤箱裡的戚風蛋糕出爐前：

- 蛋糕體要膨發的高出烤模
- 蛋糕表面要有綻放的裂紋

也就是烤箱裡彷彿開出了一朵膨發綻放的「戚風花」，那就對了！
於倒扣冷卻後，戚風蛋糕會稍回縮一些些是正常的喔。

戚風蛋糕常見失敗點1

## 戚風蛋糕的模具的挑選與使用？可以用不沾模嗎？

**POINT!** 戚風蛋糕要使用「非」不沾的模具，若使用的模具有不沾效果，蛋糕可是會爬不高喔，想想看，四周牆壁都是一層滑滑的膜，蛋糕是要如何巴得住，如何往上爬呢？

**POINT!** 建議使用可分離的模具烤戚風蛋糕，這樣在脫模時會較便利。

**POINT!** 模具要清潔乾淨，不能有油漬，否則蛋糕也會爬不高，甚至一倒扣，就咕溜咕溜滑下來了。

戚風蛋糕常見失敗點2

## 戚風蛋糕爲何要倒扣？不倒扣會怎樣？

**POINT!** 戚風蛋糕一出爐就需馬上倒扣的原因，是因為戚風蛋糕的配方裡，其粉類比是很低的，主要靠打發蛋白在支撐整個蛋糕體，所以入口才有如雲朵般輕盈之感，也因為如此，一出爐需馬上倒扣，讓地心引力幫助蛋糕維持挺度與形狀，若不倒扣，蛋糕可是會凹陷下去的。

**POINT!** 但若是用小杯子紙模來烘烤，則無法倒扣，也因為無法倒扣所以杯子蛋糕表面會凹陷，一般會擠上鮮奶油來裝飾。

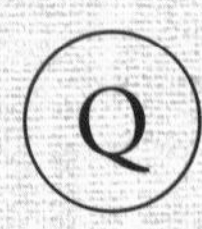

戚風蛋糕常見失敗點3

## 我的戚風蛋糕塌陷、粗糙、凹陷、縮腰，怎會這樣？

戚風蛋糕看似容易，普遍認為只要蛋白打得成功，基本上就不會有問題，但是粉類的拌合、烘烤火力、模具的使用都會影響…所以還是有諸多事項得注意。

**CHECK**

戚風蛋糕是靠打發蛋白撐起蛋糕體，才能呈現輕柔口感的一種蛋糕，雖難免會有諸多密密氣孔充斥其中，但是若肉眼明顯可見許多大大的孔洞，內部質地粗糙，那口感可就不好了，請檢視一下是否：

- 打發蛋白霜與蛋黃麵糊未拌合均勻，殘留肉眼明眼可見大片結塊，而這些結塊就是形成大孔洞的元凶。
- 進烤箱前未在桌面輕震2~3下，以消除氣泡。

**CHECK**

戚風蛋糕應該是蓬發的、高聳的，表面有綻發的裂紋，但若你的戚風蛋糕表面是塌的、內凹的，請檢視一下是否：

- 蛋白打發不足：無足夠有力的蛋白霜可以撐起蛋糕體，所以蛋白霜請確實打發。
- 打發蛋白霜與蛋黃麵糊拌合時，過久、過用力了，以致蛋白霜變稀消泡了。
- 蛋糕水分比太高，請確認所秤份量是否精確。
- 烘烤過程中不斷打開烤箱，讓溫度下降了。
- 蛋糕尚未烤熟即出爐：請確認表面輕壓會回彈，且有沙沙聲、用蛋糕探針（cake tester）或竹籤刺入不沾黏即烤熟。
- 出爐沒有立即倒扣。
- 使用了不沾模具：戚風蛋糕請務必用「非不沾」的戚風模。
- 麵糊倒入烤模後，無立即進烤箱烘烤讓蛋白霜消泡了。

**CHECK**

戚風蛋糕側邊不是筆直的，反而有著一圈腰身～哎歐，縮腰了，請檢視一下是否：

- 低筋麵粉加入蛋黃糊時拌合過久出筋了：麵糊的攪拌只需輕柔不用力，讓整體麵糊呈現滑順即可，就能避免出筋。
- 蛋糕尚未涼透，蛋糕組織尚未穩定即脫模。

**CHECK**

戚風蛋糕底部不平整，並往內凹陷了，請檢視 一下是否：

- 下火溫度過高或是離底火過近，那下次下火溫度再降個10-20度C試試看。
- 進烤箱前在桌面震幾下時，請輕震即可，勿過度用力，太大力反而幫倒忙，讓底部震出氣泡，形成了內凹。

**CHECK**

戚風蛋糕切面看到白白的粉塊，吃起來也有沙沙的粉感，請檢視一下是否：

- 粉類拌合未均勻，而導致蛋糕底部會有白白粉塊的狀態。

# 輕盈優格戚風蛋糕
## Yogurt Chiffon

戚風蛋糕因配方中使用的是植物油，水分比亦高，加上大量的打發蛋白，形塑出整個蛋糕口感輕盈如雲朵般的飄渺，而健康素材的優格亦可加入戚風蛋糕中來製作，無多餘添加，無多餘矯飾，最能品嚐出單純且純粹的食物原味。

**讓成品更加分！**

清爽的優格戚風，單吃純粹美味，若是想增添風味或是切片招待來訪朋友時，可佐上覆盆子馬斯卡彭醬，奶香濃郁加上些微酸的莓果風味，讓清爽的優格戚風有著不同的味蕾感受。

**覆盆子馬斯卡彭醬製作**
馬斯卡彭起士（mascarpone）與原味優格與覆盆子果醬以2:1:1的量，一起攪拌均勻至柔順即可。而各品牌果醬的甜度不同，再請依喜愛的甜度來做調整。當然可換上自己喜愛的風味果醬也是沒問題的。

**食材**

- 蛋黃　4顆
- 植物油　40g
- 原味優格　80g
- 低筋麵粉　70g
- 蛋白　4顆
- 細砂糖　60g

**準備器具**

- 直徑6吋日式戚風模（高10cm）
- 電動攪拌機
- 23cm調理盆2個
- 打蛋器
- 刮刀

**烤箱溫度**

- 180度C

## 做法

1 請見52頁「戚風蛋糕製作」完成步驟1-13，步驟2的鮮奶以原味優格取代即可。

# 酒香蘭姆葡萄乾戚風蛋糕

## Rum raisins Chiffon

喜愛蘭姆香氣的朋友們，絕不能錯過此道有著雅緻酒香的風味蛋糕，吸飽酒香的葡萄乾入口更是一絕。提供大家一個想法，為免去脫模或是送禮包裝的困擾，就使用市售戚風紙模來裝填烘烤吧。

**食材**

- ○ 蛋黃　4顆
- ○ 植物油　40g
- ○ 水　45g
- ○ 泡葡萄乾的蘭姆酒　1大匙
- ○ 低筋麵粉　70g
- ○ 蛋白　4顆
- ○ 細砂糖　65g
- ○ 酒漬蘭姆葡萄乾　60g

**準備器具**

- ○ 直徑17cm日式戚風紙模（高9cm）
- ○ 電動攪拌機
- ○ 23cm調理盆（2個）
- ○ 打蛋器
- ○ 刮刀

**烤箱溫度**

- ○ 180度C

## 做法

### ● 抓拌酒漬蘭姆葡萄乾

1　將酒漬蘭姆葡萄乾稍瀝乾水分，若葡萄乾很大顆就切小塊，先撒上份量外的一大匙低筋麵粉抓拌一下備用。

**POINT!**　先用低筋麵粉抓拌蘭姆葡萄乾，可防止烘烤後果乾沈底。

2　浸泡葡萄乾的蘭姆酒以及水，先拌勻成蘭姆酒水備用。

### ● 基礎製作及更換配料

3　請見52頁「戚風蛋糕製作」完成步驟1-9，並於步驟2將鮮奶以蘭姆酒水取代，而酒漬蘭姆葡萄乾，則於步驟6拌合均勻蛋白霜與蛋黃麵糊後，再倒入略拌即可。

**讓成品更加分！**

**自製酒漬蘭姆葡萄乾**

食材　有機葡萄乾40g
蘭姆酒 50g

做法　將葡萄乾用熱水清洗一下，瀝乾水分後，注入蘭姆酒並淹蓋過葡萄乾，浸漬一天即可使用，而浸漬越久則是越香醇。亦可多做些用乾淨消毒過的玻璃罐密封冷藏，約可保存1年。

# 成熟大人風咖啡戚風蛋糕

Coffee Chiffon

舌蘊中略帶微苦的咖啡戚風，是款成熟大人味的蛋糕體，佐上一杯Latte、帶著本好書，就暫時逃離庸擾雜煩俗事，沉澱在自我的靜謐時光中吧。

**食材**

- 即溶咖啡粉　2大匙
- 熱水　80g
- 蛋黃　7顆
- 植物油　70g
- 卡魯哇咖啡酒　1大匙
- 低筋麵粉　120g
- 蛋白　7顆
- 細砂糖　120g
- 市售榛果巧克力醬（Nutella）　適量
- 熟堅果　適量

**準備器具**

- 直徑8吋日式戚風模（高11cm）
- 電動攪拌機
- 27cm調理盆（2個）
  （或是23cm及27cm調理盆各1個）
- 打蛋器
- 刮刀
- 三明治袋

**烤箱溫度**

- 180度C

## 做法

### ● 泡開咖啡粉

1 用熱水泡開即溶咖啡粉，攪拌均勻後，放一旁至冷卻備用。

**POINT !** 需待咖啡液冷卻才可使用，否則高溫的咖啡液倒入蛋黃麵糊中，可是會讓蛋凝固的。

### ● 基礎製作

2 請見52頁「戚風蛋糕製作」完成步驟1-13，並於步驟2將鮮奶以步驟1的咖啡液及卡魯哇咖啡酒取代。

### ● 頂飾

3 將榛果巧克力醬裝填入一個三明治袋中，尖端剪一小開口，即可於蛋糕頂部裝飾線條，最後擺上喜愛的堅果裝飾即可。

# 秋收滿溢蒙布朗戚風蛋糕

## Chestnut Chiffon

飽含堅果香氣的栗子泥、清新奶香的優格起士醬、搭上輕盈的戚風蛋糕體，是富饒豐收秋季裡最怡人的風景。

**食材**

- 戚風蛋糕
  - 蛋黃　4顆
  - 植物油　40g
  - 鮮奶　60g
  - 低筋麵粉　70g
  - 蛋白　4顆
  - 細砂糖　60g

- 優格馬斯卡彭醬
  - 馬斯卡彭起士　40g
  - 原味優格　30g
  - 蜂蜜　5g（可視甜度斟酌）

- 栗子泥
  - 含糖栗子泥　80g
  - 鮮奶　25-30g
  - 糖漬栗子　適量
  - 糖粉　適量

**準備器具**

- 直徑6吋日式戚風模（高10cm）
- 電動攪拌機
- 23cm調理盆2個
- 打蛋器
- 刮刀
- 網篩
- 蒙布朗花嘴
- 擠花袋

**烤箱溫度**

- 180度C

## 做法

### ● 基礎製作

1 請見52頁「戚風蛋糕製作」完整步驟，先完成一顆原味戚風蛋糕。

### ● 頂飾

2 將馬斯卡彭起士、原味優格、蜂蜜拌至均勻滑順無顆粒，再用湯匙舀取適量地抹在戚風蛋糕頂部。

3 再將含糖栗子泥、鮮奶拌勻。因每家栗子泥的濕潤度不同，請斟酌添加鮮奶至整體滑順，再裝入擠花袋中，利用蒙布朗花嘴擠上栗子泥。

**POINT！** 若栗子泥的顆粒較大，可先用網篩壓濾後，再將栗子泥餡料裝入擠花袋，如此就不至於因為顆粒而阻塞了擠花嘴。

**POINT！** 若無蒙布朗花嘴，亦可用小圓孔的花嘴，一條一條慢慢擠上。

4 最後撒上糖粉、擺上糖漬栗子裝飾。

技巧 4

# 如何成功打發鮮奶油？又需打發至何種程度？

打發鮮奶油在甜點裝飾或調味中，扮演著重要的角色。

其中，不同程度的打發又有著不同的用途。

下列幾點注意事項請先遵守：

**建議選用動物性鮮奶油**

市面上鮮奶油有兩種，一種由生乳而來的動物性鮮奶油，另一種為人工合成的植物性鮮奶油，雖植物性鮮奶油打發後較穩定，但畢竟含人工添加物，以及香氣也不若天然的動物性鮮奶油濃醇，故居家烘焙著實建議採用動物性鮮奶油。

**注意鮮奶油乳脂含量**

鮮奶油鮮奶油中的脂肪球於攪拌器攪動而撞擊連結產生發泡，故鮮奶油的乳脂成分越高則越快打發，一般鮮奶油乳脂含量在35%-50%間。

**鮮奶油要確實冷藏**

鮮奶油請保存於約4度C的冰箱冷藏，以維持鮮度及風味，要用時再從冰箱取出。若溫度過高的話，是無法打出狀況良好的鮮奶油的喔。

**隔著4-6度C冰塊水打發**

室溫高的環境，鮮奶油需隔著4-6度C左右的冰塊水才較易於打發。

**增加鮮奶油與攪拌棒接觸面積**

若要打發的鮮奶油量不多，可將調理盆傾斜，讓鮮奶油與攪拌棒接觸的面積越多，越易於打發。

**打發後的鮮奶油需維持冰溫**

打發後的鮮奶油，請置於冰箱冷藏，或墊個冰塊水備用，較能維持穩定性及鮮度。

好了，注意事項都確實做到，就直接進入打發鮮奶油的工序了！

**Betty's Baking Tips**

1 調理盆上可輕覆蓋一張保鮮膜，這樣打發鮮奶油時，就不用擔心鮮奶油噴的到處都是囉。
2 若使用的是桌上型攪拌機，則請事先將鮮奶油倒入鋼盆，並放入冰箱冰鎮10-15分鐘再來打發即可。

**準備器具**

- ○ 調理盆
- ○ 電動攪拌機

**Step1　打發前的調理**

取兩個調理盆，一個裝冰塊水，另一個調理盆則倒入鮮奶油及砂糖，並浸泡在裝了冰塊水的調理盆上，用電動攪拌器高速打發。

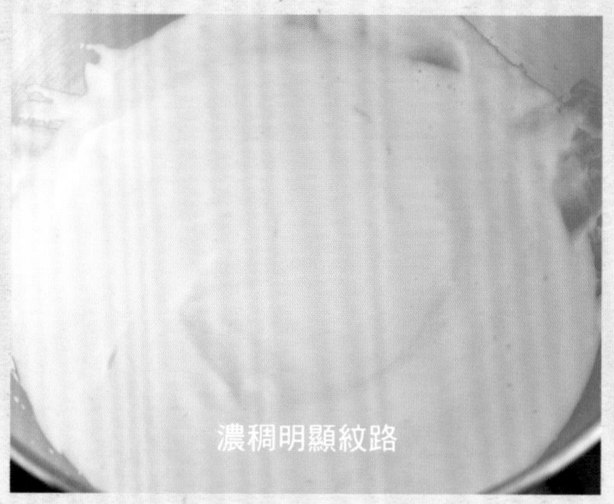


**Step2　5~6分發，適合做慕斯**

打了一段時間後，鮮奶油開始變得濃稠且呈現紋路，用攪拌棒舀起時會滴落的狀態。

**Step1　7~8分發，適合做塗抹及夾層**

再繼續打發，不久後就會發現用攪拌棒舀起鮮奶油時不會滴落，尖角會緩緩彎下狀。

**Step2　9分發，適合做擠花**

打至攪拌棒舀起鮮奶油時，鮮奶油會整個巴在攪拌棒上，尖角呈現挺立。

至於成功學會打發鮮奶油後，能做出什麼甜點呢？下頁要介紹一款利用市售手指餅乾，即能做出一道不用出動烤箱、又能快速解饞的甜點。

# 莓果手指三明治蛋糕

## Lady Finger Berry Sandwiches

想要製作宴客的finger food、姐妹淘的午茶點心時，這道快速又雅緻的莓果手指三明治蛋糕就可派上用場，妝點時令色彩鮮豔的水果，讓人很難不注目。

**食材**

- ○ 市售手指餅乾適量
- ○ 動物性鮮奶油　100g
- ○ 細砂糖　10g
- ○ 蘭姆酒　1/4小匙
- ○ 喜愛的水果　隨意
- ○ 防潮糖粉　適量

**準備器具**

- ○ 擠花袋
- ○ 星型花嘴
- ○ 紙模
- ○ 23cm 調理盆（2個）
- ○ 電動攪拌器

3-1

3-2

3-3

## 做法

1　將鮮奶油與砂糖打至9分發（請見技巧4如何成功打發鮮奶油）。

2　將打發鮮奶油裝入擠花袋中（請見技巧1如何使用擠花袋）。

3　先將兩根手指餅乾並排在紙模上，於餅乾中間處先擠上適量的鮮奶油，可幫助兩根手指餅乾黏合固定，最後擠些鮮奶油裝飾，擺上時令水果、撒上糖粉即完成。

B

# 全蛋打發：海綿蛋糕

製作海綿蛋糕一切都從全蛋打發開始，
一定要確實打發才能做出質地蓬鬆如海綿般的蛋糕體。
海綿蛋糕口感稍微偏乾，但卻極富彈性，
一般可切片作為夾層蛋糕變化使用。

學會全蛋打發後的烘焙練習

RECIPE1
嬌嫩蜜桃夾層蛋糕

RECIPE2
遇見紅茶白巧克力奶油蛋糕

RECIPE3
一塊愜意摩卡奶油蛋糕

RECIPE4
覆盆子抹茶瑞士卷

## 先懂基礎！海綿蛋糕製作訣竅

1 蛋液隔水加熱至38-40度C之間。
2 混拌粉類時，用刮刀從盆底輕柔地將麵糊舀起。
3 無鹽奶油要維持在60度C，才好拌合。
4 拌奶油時，先倒在刮刀上，能讓奶油分散至麵糊表面。
5 出爐後，從10-15cm 高處輕落桌面，並持續倒扣至冷卻。

Sponge cakes

技巧 5

# 如何成功打發全蛋呢??

因為全蛋蛋黃含有脂肪，會使得氣泡較難形成，
不似蛋白那麼輕易即可打發，
必須藉由隔水加熱的方式，來減緩表面張力才易於打發。

## 做法

### ● 選擇適當的調理盆

1 取兩個調理盆（或鍋子）一大一小，讓大的調理盆能架在小的調理盆上。

**POINT !** 不建議小的調理盆鍋緣跟大的調理盆中的蛋液等高或是更低，因為鐵容易導熱，一加熱後，就容易讓蛋液極速升溫甚至煮熟，隔水加熱是為了藉由水蒸氣緩緩慢慢地由底部加熱蛋液，所以要選擇大小適合的調理盆（或鍋子）。

### ● 隔水加熱

2 小的調理盆裡裝水，並開火持續加熱。

**POINT !** 小的調理盆水位不可高過大的調理盆底部，也就是大的調理盆底部不要碰到水，隔水加熱是為了藉由水蒸氣的熱度緩緩升溫，若大的調理盆底部泡在水裏，則蛋液很容易就被煮熟了。

### ● 蛋和糖的拌勻方式

3 雞蛋及砂糖倒進大的調理盆裡，並用打蛋器攪拌均勻，再移至加熱中的小調理盆上，一樣請持續的攪拌。

**POINT !** 砂糖一倒入雞蛋後，要「立即」用打蛋器攪拌，不然一靜置砂糖可是會讓雞蛋表面結皮，形成一塊塊細碎的固狀物，就會影響口感喔。

**POINT !** 加熱期間一樣要用打蛋器持續地攪拌，是因為鍋底的蛋液經加熱升溫較快，所以要持續地攪拌，讓整體蛋液的溫度儘量一致。

- **測溫控制**

4 加熱至微溫即可離火，可用手觸摸蛋液，若有溫度計更好，測溫約在38-40度C之間。

**POINT !** 溫度若高於60度C，則蛋液可是會被煮熟的。

**POINT !** 加熱蛋液的溫度也儘量不要高於40度C，因為溫度越高，蛋糕質地越粗糙。

- **判斷打發程度**

5 接下來用電動攪拌機以高速持續打發，當蛋液紋路越來越明顯，質地細緻帶著光澤，這時用攪拌棒舀起蛋液時，流下的蛋液如緞帶般堆疊、可清楚寫出「8」字，且暫時不易消失，最後以低速轉個幾圈讓氣泡細緻，即完成全蛋打發。

NG! 麵糊太稀

學會了全蛋打發，我們就能來烤入口極富彈性、又充滿蛋香的海綿蛋糕，再運用點打發鮮奶油的技巧妝點，就可做成Layer cake（夾層蛋糕）、也可做成小巧雅緻個人獨享的Petit four、更可捲成瑞士卷…等，不但變化多，也增加了視覺上的豐富度。

原味基本款！

# 先懂基礎！海綿蛋糕製作&失誤解析

**食材**

- 蛋　2顆
- 細砂糖　50g
- 鮮奶　2小匙
- 低筋麵粉　50g
- 無鹽奶油　20g

**準備器具**

- 直徑6吋不分離圓模（高5.5cm）
- 電動攪拌機
- 23cm調理盆（外加一個隔水加熱盆）
- 打蛋器
- 刮刀
- 耐熱玻璃杯（融化奶油用）

**烤箱溫度**

- 180度C

## ● 模具鋪紙

1　裁剪出一個直徑與烤模相等的圓型烘焙紙（請見技巧2如何鋪烤盤紙），作為鋪放模具底部用，再裁剪長50cm、寬5.5cm的長方形一張，作為覆蓋模具側面用。

**POINT！**　模具可刷抹上少許奶油（份量外的無鹽奶油，或是植物油皆可），再將裁剪好的烘焙紙覆蓋上，這樣烘焙紙就不易滑動或脱落。

## ● 打發全蛋及拌合材料

2　調理盆內倒入雞蛋與砂糖，將其打發至用攪拌棒舀起蛋液，留下的蛋液如緞帶般堆疊，可清楚的寫出「8」字，且暫時不易消失（請見技巧5如何成功的打發全蛋）。

3　裝有蛋液的調理盆加熱至微溫，並拿開熱水的同時，就可將無鹽奶油裝入一個耐熱玻璃杯（或小調理盆）中，放在熱水中隔水加熱至融化。待奶油融化後即熄火，但仍繼續保溫於熱水中不取出。

**POINT！**　無鹽奶油維持在溫熱的溫度（約60度C），等會會較易與麵糊拌合。

4　鮮奶加入步驟2打發的全蛋中輕柔拌勻。

## ● 切拌的手法

5　將低筋麵粉篩入麵糊，以切拌的方式輕柔地拌至均勻，且麵糊帶著光澤。

**POINT！**　混拌粉類時，為不破壞全蛋打發的氣泡下，用刮刀從盆底輕柔地將麵糊舀起，而摺下的同時將刮刀轉為直立（如同拿菜刀般）從遠處往近身切開，一直重複此動作，像寫日文「の」一般，並適時的旋轉調理盆，讓每處麵糊都能攪拌到，務必輕柔地重複動作至拌勻。

6　最後將隔水加熱融化的無鹽奶油，分2-3次慢慢地淋在刮刀上，讓刮刀先承接奶油，讓奶油能四散至麵糊表面，最後再拌合均勻。

**POINT！**　將奶油先倒在刮刀上，能讓奶油分散至麵糊表面，可防止奶油一股腦倒入而沉到麵糊底部，以致不易拌合。

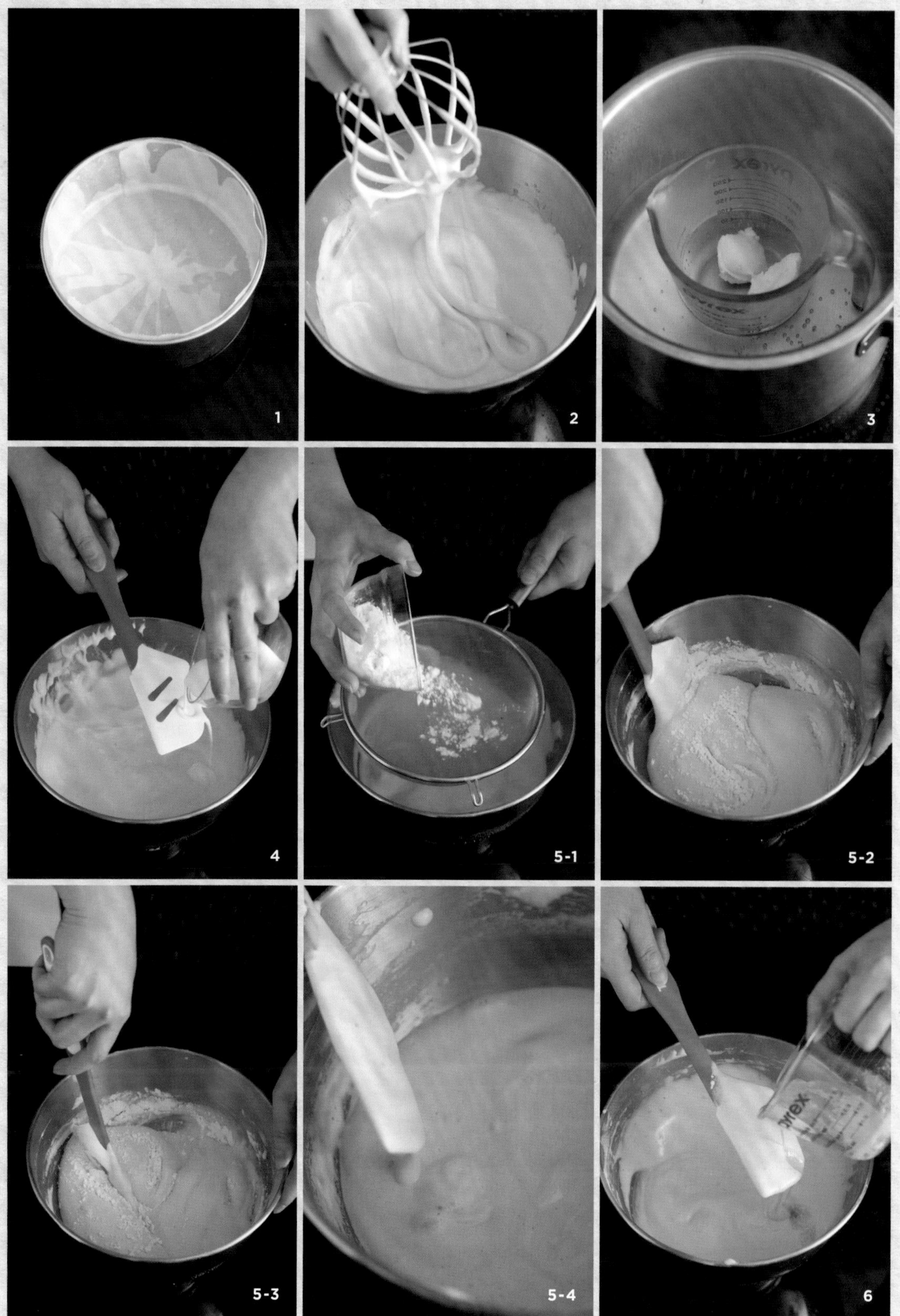
1
2
3
4
5-1
5-2
5-3
5-4
6

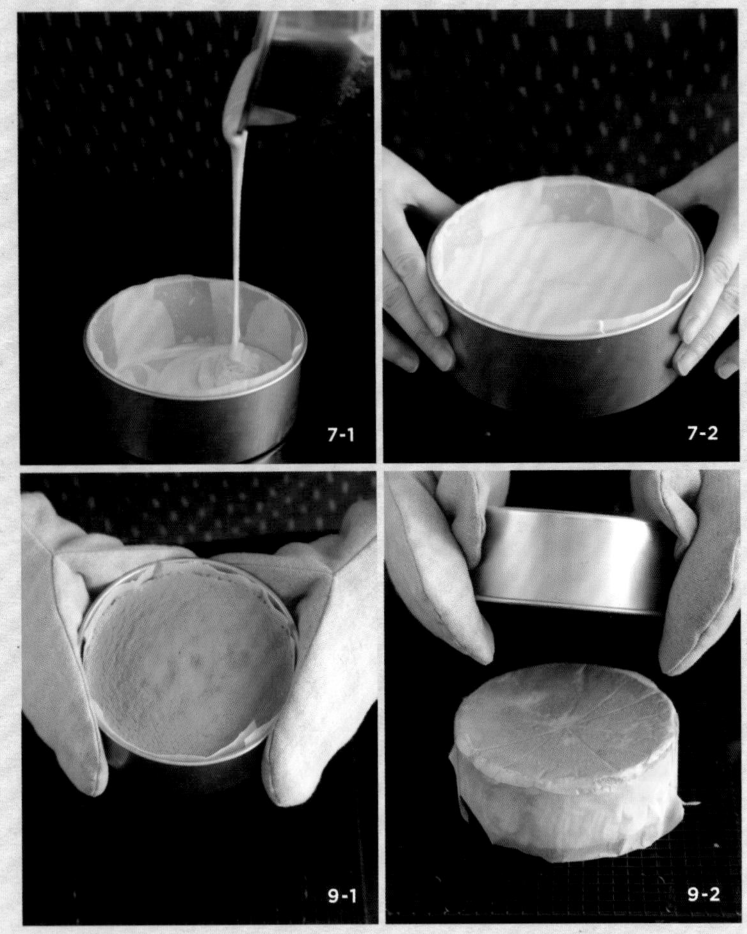


- **倒入模具**

7 將麵糊倒入模具中，並提起模具輕敲桌面2-3下，以趕出麵糊中的氣泡。

8 放進預熱至180度C的烤箱烤20分鐘左右，至輕壓表面有彈性、整體有著均勻的烤色、以蛋糕探針（cake tester）或竹籤刺入不沾黏，就可出爐。

- **冷卻與靜置**

9 出爐時，將模具從10-15cm處輕落桌面，再倒扣蛋糕冷卻架上，並取下模具。冷卻後，再撕除白報紙。

**POINT!** 出爐後從10-15cm高處輕落桌面，藉由衝擊的力道讓蛋糕裡的水蒸氣快速排出，以減少蛋糕塌陷。

**POINT!** 持續倒扣在蛋糕冷卻架上至冷卻，可讓海綿蛋糕的頂部平坦。

**Betty's Baking Tips**

海綿蛋糕配方的比例一般在蛋：麵粉：糖=2：1：1～1：1：1間做變化，端看個人喜愛鬆軟的海綿蛋糕，或是喜愛較有彈性的海綿而定。

## 怎樣才算成功的海綿蛋糕呢？

我們先來解釋成功的海綿蛋糕外觀需呈現出如何的樣貌，
接下來再一一剖析什麼樣的外觀和原因，
進而造成海綿蛋糕外觀的不理想。

- 成功的海綿蛋糕外觀需膨脹的與模具同高。
- 輕壓表面有彈性。
- 切面細緻無大型孔洞。
- 整體有著均勻的烤色。

如此狀態的海綿蛋糕，
入口才會感受到蛋糕體的彈性與濃郁蛋香。

海綿蛋糕常見失敗點1

## 爲什麼海綿蛋糕塌陷了？表面佈滿皺紋不平整？體積也萎縮？

**CHECK**

海綿蛋糕表面應該是一片平坦等高的平原，但倘若你的海綿蛋糕中央是塌陷的，像是片大凹地，請檢視一下是否：

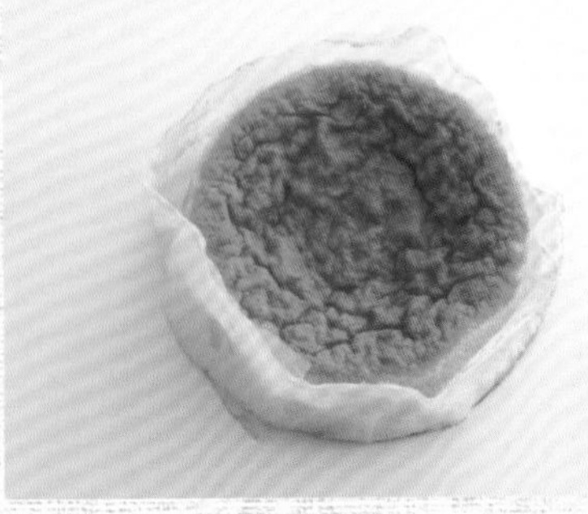

- **出爐後未輕敲**：用圓形模烘烤的海綿蛋糕，出爐後需從10-15cm高處輕落桌面，藉由衝擊力道讓蛋糕裡的水蒸氣快速排出，以避免蛋糕塌陷。但若以淺烤盤烘烤（如瑞士卷），因海綿蛋糕面積大且寬，水蒸氣可以快速地排出，所以就不用輕敲的動作。
- **出爐未倒扣冷卻**：讓出爐的海綿蛋糕倒扣在冷卻架上靜置至冷卻，可以幫助海綿蛋糕表面平坦。

**CHECK**

海綿蛋糕表面盡是滿滿皺紋與皺摺，甚至萎縮了，請檢視一下是否：

- **蛋糕體尚未烤熟**：蛋糕體輕壓表面會回彈，且以蛋糕探針（cake tester）或竹籤刺入不沾黏才是烤熟。
- **蛋糕體烘烤過度**：長時間烘烤讓水分蒸發了，以至於蛋糕體萎縮了。請確認烤箱溫度是否正確？是否過低？

Q

海綿蛋糕常見失敗點 2

## 海綿蛋糕無法膨脹？個頭硬是比別人矮？

CHECK

出爐的海綿蛋糕身高比模具低矮，或只有中間隆起，像個小台地般，且口感厚重紮實，請檢視一下是否：

- **雞蛋打發不足**：雞蛋打發程度不足，以至於蛋糕無法膨脹。

海綿蛋糕常見失敗點 3

## 海綿蛋糕切面為什麼有白色粉塊？

用肉眼就能看到蛋糕體有明顯的白色粉粒、粉塊。

- **粉類拌合未均勻**：是低筋麵粉無拌合均勻，導致切面或外觀殘留了白色麵粉，而且口感也會有粗糙的感覺。

# 嬌嫩蜜桃夾層蛋糕

## Peach Layer Cake

最喜歡夾層蛋糕帶來視覺上的層層驚喜，有著滿滿繽紛色系的水果，又有著滑順輕柔流瀉而下的香濃奶餡，在口中交織盈溢著幸福的氛圍～

食材

- ● 海綿蛋糕
- ○ 蛋　2顆
- ○ 細砂糖　50g
- ○ 鮮奶　2小匙
- ○ 低筋麵粉　50g
- ○ 無鹽奶油　20g

- ● 糖漿
- ○ 細砂糖　30g
- ○ 水　60g

- ● 楓糖鮮奶油
- ○ 動物性鮮奶油　120g
- ○ 楓糖漿　15g

- ○ 水蜜桃（罐頭）　適量

準備器具

- ○ 直徑6吋不分離圓模（高5.5cm）
- ○ 電動攪拌機
- ○ 23cm調理盆（外加一個隔水加熱盆）
- ○ 打蛋器
- ○ 刮刀
- ○ 耐熱玻璃杯（融化奶油用）

烤箱溫度

- ○ 180度C

## 做法

● 基礎製作

1 請見76頁「海綿蛋糕製作」完整步驟，先做出一顆原味海綿蛋糕。

● 製作糖漿

2 將糖漿所有材料煮至沸騰後，待涼備用。

● 打發鮮奶油

3 將鮮奶油及楓糖漿放入調理盆中打至7~8分（請見技巧4如何成功打發鮮奶油）。

● 分割

4 海綿蛋糕從側面中間處橫切成2等分。

3

4

## 夾餡

5 取橫切成2片的海綿蛋糕底部，先拍上糖漿，讓海綿蛋糕表面濕潤即可。

**POINT !** 糖漿若用刷的，會造成海綿蛋糕表面起屑，所以要用拍濕的方式。食譜中的糖漿份量，是方便製作的量，不用全部用完，僅需拍濕蛋糕表面即可。

6 將水蜜桃每半顆切成3片，再沿著蛋糕擺上。

7 將步驟3的楓糖鮮奶油抹上，並留下一些許量（約莫1/4），用以塗抹另一片切片蛋糕的頂飾用。

8 將另一切片海綿蛋糕輕壓上，拍上糖漿並隨意抹上剩餘的鮮奶油即完成。

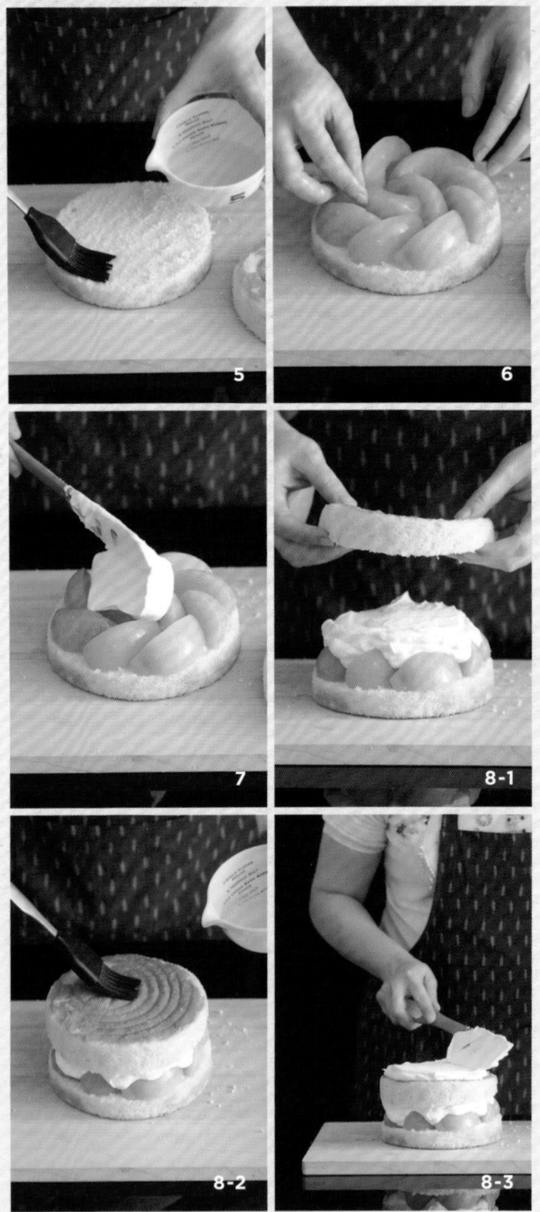

# 遇見紅茶白巧克力奶油蛋糕

## Black Tea And White Chocolate Cake

愛品茶、也嗜甜食的你，就將茶香醇厚的錫蘭紅茶加入蛋糕，再輕抹上雅緻柔純的白巧克力風味鮮奶油，在茶香、巧克力柔婉間慢慢品嚐高雅風味。

**食材**

- 海綿蛋糕
  - ○ 蛋　2顆
  - ○ 細砂糖　50g
  - ○ 鮮奶　2小匙
  - ○ 低筋麵粉　50g
  - ○ 無鹽奶油　20g
  - ○ 紅茶包 1包（2.5g）
- 白巧克力鮮奶油
  - ○ 動物性鮮奶油　150g
  - ○ 白巧克力　20g
  - ○ 蘭姆酒　1/4小匙
  - ○ 奇異果約　1.5顆

**烤箱溫度**

○ 180度C

**準備器具**

- ○ 25cm方形模（高5cm）
- ○ 電動攪拌機
- ○ 23cm調理盆（外加一個隔水加熱盆）
- ○ 打蛋器
- ○ 刮刀
- ○ 耐熱玻璃杯（融化奶油、巧克力用）
- ○ 刮板

## 做法

### ● 模具鋪紙

1　先將烤模鋪上烘焙紙（或白報紙）。

### ● 打發全蛋及拌合材料

2　倒雞蛋與砂糖入調理盆，將其打發至用攪拌棒舀起蛋液，流下的蛋液如緞帶般堆疊、且暫時不易消失（請見技巧5如何成功的打發全蛋）。

3　裝有蛋液的調理盆加熱至微溫，並拿開熱水的同時，就可將無鹽奶油及紅茶末裝入一個耐熱玻璃杯（或小調理盆）中，放在熱水中隔水加熱至奶油融化。奶油融化後即熄火，但仍繼續保溫在熱水中不取出。

**POINT !**　無鹽奶油需維持在溫熱的溫度（約60度C），等會才比較容易與麵糊拌合。

### ● 打發全蛋及拌合材料

4　請見76頁「海綿蛋糕製作」步驟4-6之鮮奶、粉類、奶油的拌合。

### ● 倒入模具

5　將麵糊倒入模具中，並用刮板抹平，並提起模具輕敲桌面2-3下，以趕出麵糊中的氣泡。

**POINT !**　請先將麵糊往烤盤的四個角落確實鋪滿，再來抹平，如此蛋糕片出爐時才會是完整方正的。

● 烘烤

6 放進預熱180度C烤箱烤10分鐘左右，至輕壓表面有彈性、整體有著均勻的烤色，以蛋糕探針（cake tester）或竹籤刺入不沾黏，就可出爐。

● 脫模與冷卻

7 出爐時，一手抓著烘焙紙將海綿蛋糕從模具中拉出，平移至蛋糕冷卻架上，先撕開四邊的烘焙紙並靜置，待海綿蛋糕冷卻後，再翻面撕除底部烘焙紙。

● 分割

8 將海綿蛋糕切成均等的2等分。

● 製作白巧克力鮮奶油

9 將白巧克力裝在耐熱玻璃杯（或小調理盆）中並隔水加熱至融化。

10 將鮮奶油、融化的白巧克力及蘭姆酒放入調理盆中打至7-8分（請見技巧4如何成功打發鮮奶油）。

● 夾餡

11 奇異果去皮切丁。

12 先取1片切片的海綿蛋糕，抹上約莫3/4量的白巧克力鮮奶油，再撒上奇異果丁。

13 再將另一片切片海綿蛋糕蓋上並輕輕按壓，最後將剩餘的白巧克力鮮奶油隨意塗抹於頂部。送進冰箱冷藏30-60分鐘，待定型再分切。

● 分切

14 切除蛋糕四邊不規則的部分，再分切成喜愛的塊狀。

**POINT!** 分切有塗抹奶油餡或奶油夾層的蛋糕時，可將蛋糕刀置於瓦斯爐火上方加熱一會，再下刀分切，如此蛋糕切口會較平整漂亮。每切一刀，即需擦淨蛋糕刀上的奶油，再置於爐火上加熱，然後下刀分切，如此重複至分切完畢。

# 一塊愜意摩卡奶油蛋糕
## Mocha Cake

手中握著一杯摩卡，

好似握住瀟灑、握住自在，也握住忙裡偷閒的愜意。

食材

- 海綿蛋糕
  - 蛋　2顆
  - 細砂糖　50g
  - 鮮奶　2小匙
  - 低筋麵粉　50g
  - 無鹽奶油　20g
  - 夏威夷果仁（切碎）20g

- 摩卡鮮奶油
  - 無糖可可粉　4g
  - 即溶咖啡粉　1g
  - 熱水　1.5小匙
  - 動物性鮮奶油　160g
  - 細砂糖　25g
  - 卡魯哇咖啡酒　1/2小匙

- 裝飾
  - 防潮可可粉　適量
  - 夏威夷果仁碎　適量

準備器具

- 25cm方形模（高5cm）
- 電動攪拌機
- 23cm調理盆（外加一個隔水加熱盆）
- 打蛋器
- 刮刀
- 刮板

烤箱溫度

- 180度C

## 做法

### ● 模具鋪紙

1 先將烤模鋪上烘焙紙(或白報紙)。

### ● 打發全蛋及拌合材料

2 請見76頁「海綿蛋糕製作」完成步驟2-5之打發全蛋、鮮奶及粉類拌合。

3 最後將隔水加熱融化的無鹽奶油,分2~3次慢慢地淋在刮刀上,讓刮刀先承接奶油,讓奶油能四散至麵糊表面再拌合均勻,最後加入夏威夷果仁碎略拌勻即可。

### ● 倒入模具

4 將麵糊倒入模具中,並用刮板抹平,並提起模具輕敲桌面2~3下,以趕出麵糊中的氣泡。

**POINT!** 請先將麵糊往烤盤的四個角落確實鋪滿,再來抹平,如此蛋糕片出爐時才會是完整方正的。

### ● 烘烤

5 放進預熱180度C烤箱烤10分鐘左右,至輕壓表面有彈性、整體有著均勻的烤色、蛋糕探針(cake tester)或竹籤刺入不沾黏即可出爐。

### ● 冷卻與靜置

6 出爐時,一手抓著烘焙紙將海綿蛋糕從模具中拉出,平移至蛋糕冷卻架上,先撕開四邊的烘焙紙並靜置,待海綿蛋糕冷卻後再翻面撕除底部烘焙紙。

### ● 分割

7 海綿蛋糕切成均等的2等分

註:步驟4-7圖文對照請見「遇見紅茶白巧克力奶油蛋糕」的步驟5-8。

### ● 製作摩卡鮮奶油

8 先將無糖可可粉、即溶咖啡粉及熱水攪拌均勻即完成摩卡液,放一旁待涼備用。

9 將鮮奶油、細砂糖放入調理盆中,打至濃稠,再加入摩卡液及卡魯哇咖啡酒再繼續打至7-8分,用攪拌棒舀起鮮奶油尖角會緩緩彎下狀(請見技巧4如何成功的打發鮮奶油)。

### ● 夾餡

10 先取1片切片的海綿蛋糕,抹上約莫3/4量的摩卡鮮奶油。

11 再將另一片切片海綿蛋糕蓋上並輕輕按壓,最後將剩餘的摩卡鮮奶油隨意塗抹於頂部。送進冰箱冷藏30-60分鐘待定型再分切。

註:步驟10-11圖文對照請見「遇見紅茶白巧克力奶油蛋糕」的步驟12~13。

### ● 分切

12 篩上防潮可可粉蛋糕裝飾頂部。

13 切除蛋糕四邊不規則的部分,再分切成喜愛的塊狀,妝點一些夏威夷豆即完成。

**POINT!** 有塗抹奶油餡或奶油夾層的蛋糕分切時,可將蛋糕刀置於瓦斯爐火上方加熱一會,再下刀分切,如此蛋糕切口會較平整漂亮。每切一刀,即需擦淨蛋糕刀上的奶油,再置於爐火上加熱,然後下刀分切,如此重複至分切完畢。

1
3
8
9

# 覆盆子抹茶瑞士卷

## Matcha Swiss Roll

輕柔著呵護這季節的恩賜，也將感恩的心
緩緩地捲進綿柔的蛋糕中～

食材

- 海綿蛋糕
  - 蛋　3顆
  - 細砂糖　60g
  - 鮮奶　25g
  - 低筋麵粉　45g
  - 抹茶粉　1大匙
  - 無鹽奶油　20g

- 香緹鮮奶油
  - 動物性鮮奶油　120g
  - 細砂糖　12g
    蘭姆酒　1/4小匙

- 覆盆子適量
  （也可用水蜜桃、草莓或其他水果代替皆可）

準備器具

- 25cm方形模（高5cm）
- 電動攪拌機
- 23cm調理盆
  （外加一個隔水加熱盆）
- 打蛋器
- 刮刀
- 刮板
- 擀麵棍

烤箱溫度

- 170度C

## 做法

### 模具鋪烘焙紙

1 先將烤模鋪紙。

### 打發全蛋及拌合材料

2 請見76頁「海綿蛋糕製作」步驟2-6之打發全蛋、鮮奶以及粉類的拌合，且低筋麵粉與抹茶粉一起篩入麵糊並拌合。

### 倒入模具

3 將麵糊倒入模具中，用刮板抹平，並提起模具輕敲桌面2-3下，以趕出麵糊中的氣泡。

**POINT！** 請先將麵糊往烤盤的四個角落確實鋪滿，再來抹平，如此蛋糕片出爐時才會是完整方正的。

3-1

3-2

3-3

## ● 烘烤

4 放進預熱170度C烤箱烤12分鐘左右，至輕壓表面有彈性、整體有著均勻的烤色、以蛋糕探針(cake tester)或竹籤刺入不沾黏即可出爐。

## ● 冷卻與靜置

5 出爐時，一手抓著烘焙紙將海綿蛋糕從模具中拉出，平移在蛋糕冷卻架並撕開四邊的烘焙紙(除底部外)至稍降溫(約莫3~5分鐘左右)。

6 待海綿蛋糕降溫後，覆蓋一張比海綿蛋糕還大的烘焙紙，右手伸進蛋糕下方並一鼓作氣逆時針翻轉即可翻面，再撕開原本底部的烘焙紙，最後再蓋上一張烘焙紙再翻面一次。

**POINT!** 若發現蛋糕表皮沾黏於烘焙紙上，表示表皮尚未烤熟而沾黏，下次可再延長烘烤時間或是上火提高10度C。

7 在蛋糕靠近自己的這一邊，以每間隔1cm距離切2道刀痕(為開始捲起端)，且不要切斷蛋糕體。另離自己較遠那一端(為尾部收口端)斜切。最後蓋上一張烘焙紙防乾燥。

**POINT!** 每間隔1cm距離切2道刀痕，可讓蛋糕卷中心處的捲起弧度較漂亮，而遠端斜切則可蛋糕卷尾端密合處貼合。

**POINT!** 靜置蛋糕、等待塗餡料之前，輕覆一張烘焙紙(白報紙)在上面，可防止蛋糕水分散失。並建議於20-30分鐘內即開始塗餡捲起，因為靜置於空氣中過久的話，蛋糕水分會散失，以致於捲起時容易裂開。

## ● 製作香緹鮮奶油

8 將鮮奶油、細砂糖、蘭姆酒放入調理盆中打至7-8分(請見技巧4如何成功打發鮮奶油)。

## ● 夾餡

9 將海綿蛋糕抹上香緹鮮奶油，而尾端僅需抹上薄薄一層即可，再擺上覆盆子。

10 將麵棍放在烘焙紙下方，並用擀麵棍藉由捲起烘焙紙時，同步將蛋糕拉起並往前略推。

11 為了不讓中間捲起處太粗，可稍微輕壓一下。

12 再繼續拉起白報紙並順勢一鼓作氣推前進像捲壽司卷一般。

13 捲好時，麵棍壓在烘焙紙上，稍施力往回頂收緊。

**POINT!** 拉緊的動作能讓蛋糕卷緊密不鬆散。

14 最後讓尾端收口向下，兩端的烘焙紙捲緊，放進冰箱冷藏1~2小時至定型。

15 分切時，先切除蛋糕兩邊不規則的部分。

**POINT!** 有塗抹奶油餡或奶油夾層的蛋糕分切時，可將蛋糕刀置於瓦斯爐火上方加熱一會，再下刀分切，如此蛋糕切口會較平整漂亮。每切一刀，即需擦淨蛋糕刀上的奶油，再置於爐火上加熱，然後下刀分切，如此重複至分切完畢。

5
6-1
6-2
6-3
7-1
7-2
9-1
9-2
10
11
12
13
14-1
14-2

C

# 奶油打發：磅蛋糕類

磅蛋糕是最能細嚐到奶油香氣的甜點品項，
風味甚是迷人。看似簡單的磅蛋糕，製作時卻有著許多學問，
一不小心就造成油水分離。另外多介紹一種利用免用泡打粉的全蛋
打發法，分享給喜愛純粹食材風味的烘焙迷們。

## 學會打發奶油後的烘焙練習

RECIPE1
清新檸檬磅蛋糕

RECIPE2
帶我走杯子蛋糕

RECIPE3
雙重享受香蕉可可磅蛋糕

RECIPE4
再戀芒果優格磅蛋糕（全蛋打發法）

RECIPE5
柳橙邂逅起士夾心蛋糕（全蛋打發法）

# 先懂基礎！磅蛋糕製作訣竅

全蛋混合

1 準備材料時，使用確實回溫的奶油和常溫雞蛋。

2 請確實打發奶油至變白、鬆發絨毛狀。

3 加入雞蛋拌合時，務必少量加入。

4 磅蛋糕降溫後，要即刻密封保存。

全蛋打發

1 請確實打發雞蛋。

2 以切拌的手法拌合粉類，以免消泡。

3 無鹽奶油要維持在45-50度C，才好拌合。

Pound cakes

## 技巧 6
# 如何成功打發奶油？

奶油在西式糕點中扮演著極重要的角色，是風味的來源、更是口感潤澤的來源，其應用之廣從蛋糕、餅乾、派塔、甚至各式風味奶油餡，無一不見其蹤跡，奶油為糕點帶來各種口感上豐富的感受。

而打發奶油的作用，是為使奶油飽含空氣，讓糕點的口感不厚重。要成功將奶油打發，幾個注意事項請一定要先遵守:

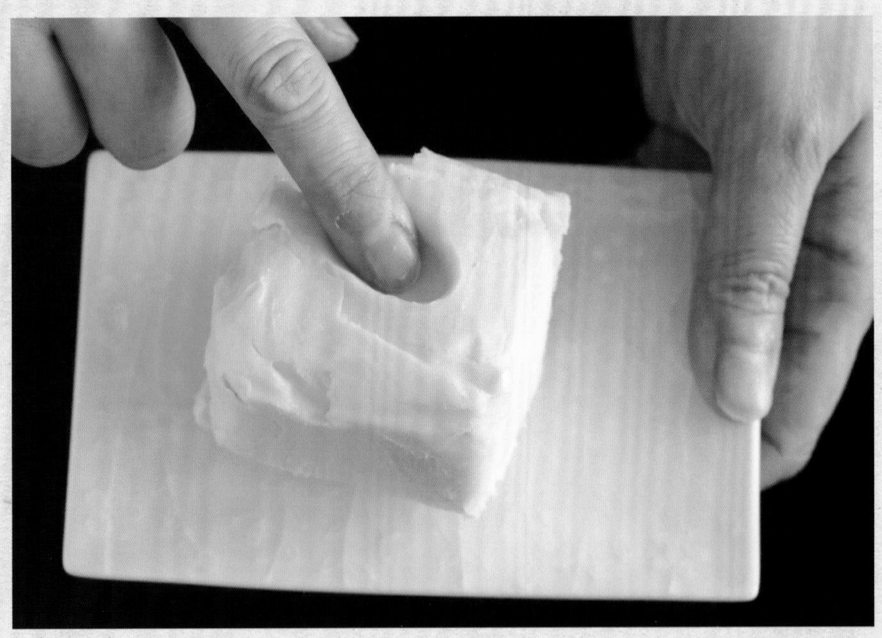

**不建議使用含鹽奶油**

一般糕點製作採用的是無鹽奶油，不建議用含鹽奶油，若使用含鹽奶油會讓糕點產生鹹味，除非是特意製造此味覺感受的話，則不在此限。

**奶油需先回軟再使用**

使用前，先將無鹽奶油請先置於室溫回軟，其最佳硬度為手指可以輕易的插入。奶油若過軟或過硬，都無法將空氣充分打入，最佳的奶油硬度是手指不需用力，即可輕易地插入奶油中。

**準備器具**

- ○ 調理盆
- ○ 電動攪拌機
- ○ 刮刀

### Step1　先壓拌砂糖於奶油中

室溫軟化後的無鹽奶油及砂糖放入調理盆中，將砂糖先壓拌入無鹽奶油中。

**POINT !** 將砂糖壓拌入無鹽奶油中，可防止接下來用電動攪拌機高速攪打時，砂糖噴濺四處的情況。

### Step2　拌好的奶油需為鬆發絨毛狀

再用電動攪拌機高速打發至奶油顏色變白、變得鬆發。

**POINT !** 開始攪打奶油前，顏色是乳黃色，而當奶油持續攪打至充滿空氣時，其顏色會變較白、體積會增加、狀態會呈現鬆發絨毛狀。

只要能確實打發奶油，能做的甜點可是很多很多的，舉凡奶香濕潤的磅蛋糕、酥脆的餅乾、豐富多樣性的甜塔…這些可都有利用到打發奶油的技巧呢。

接下來，我們就分成3個段落，依序來介紹磅蛋糕、餅乾以及甜塔的製作。

原味基本款！

# 先懂基礎！磅蛋糕製作&失誤解析

磅蛋糕(Pound Cake)屬於重奶油麵糊，
基本配方是由奶油：糖：蛋：麵粉=1：1：1：1，各為1磅而來。
磅蛋糕比起戚風蛋糕、海綿蛋糕來說，工序手法相對簡單，而最重要的一點
即是要避免「油水分離」，下列工序及注意事項請務必遵守，
如此才能做出質地細緻、口感濕潤的成功磅蛋糕。

**食材**

- 無鹽奶油　100g
- 細砂糖　80g
- 常溫雞蛋　2顆
- 低筋麵粉　100g
- 無鋁泡打粉　1小匙
- 鮮奶　2大匙

**準備器具**

- 磅蛋糕模容量 700ml (18*9*6cm)
- 電動攪拌機
- 23cm調理盆
- 刮刀

**烤箱溫度**

- 170度C

## 全蛋混合法

### 模具鋪紙

1 磅蛋糕模內先鋪上白報紙(或烘焙紙)。

### 打發奶油霜

2 將室溫軟化的無鹽奶油與砂糖打發至奶油顏色變白、變得鬆發絨毛狀(請見技巧6如何成功打發奶油)。

### 加入蛋液

3 取用配方中的低筋麵粉2大匙，先舀入於打發的奶油霜中並拌勻。

**POINT！** 先加入2大匙的麵粉，可防止待會加入雞蛋時，乳化不成功而造成油水分離。

4 將雞蛋打散，以每次約1-2大匙的量加入打發的奶油霜中，每加一次都要仔細攪拌至蛋液吸收，才能再加入下一次，完成時的麵糊會呈現滑順狀。

**POINT！** 請務必使用常溫雞蛋，從冰箱取出的雞蛋，先放室溫1~2小時以回到室溫，或是隔水加熱至不冰的程度亦可。雞蛋溫度過低，會讓奶油變硬，不易與雞蛋乳化而造成油水分離。

**POINT！** 雞蛋需少量少量的加入，讓奶油霜吸收後再倒入，這慢慢乳化的過程能讓蛋糕體質地細緻，而過量的蛋液會讓奶油來不及乳化，而造成油水分離。

- **拌入粉類**

5 將低筋麵粉、泡打粉一起篩入，以刮刀仔細的拌勻至看不見粉類且呈現光澤。

- **加入風味**

6 最後加入鮮奶，一樣攪拌均勻。

## 入模烘烤

7 將麵糊倒入已經鋪白報紙的磅蛋糕模中，用刮刀將表面略抹平，再於桌面輕敲2-3下，讓麵糊均勻填滿個角落。

8 放進170度烤箱烤35分鐘左右，以蛋糕探針(cake tester)或竹籤刺入不沾黏即可。另於烘烤約10分鐘後，麵糊表面已稍變硬、已結皮，可用水果刀於麵糊中心縱向劃一刀。

**POINT!** 有在麵糊中心劃這一刀的話，蛋糕的裂口會較平整，若不劃，蛋糕會有自然的爆發裂紋亦可，端看個人喜愛。

**POINT!** 需待麵糊表面已結皮再劃一刀，如此裂口會如同刀痕般筆直，若麵糊還呈現稀軟狀態，劃下去這一刀也會是徒勞無功的。

## 脫模與冷卻

9 出爐後，將模具從10-15cm處輕落桌面，並立即脫模並放在蛋糕冷卻架上，至手能觸摸的溫度即可撕除白報紙，再靜待蛋糕體降至微溫，立即用保鮮盒、保鮮袋密封起來至冷卻。

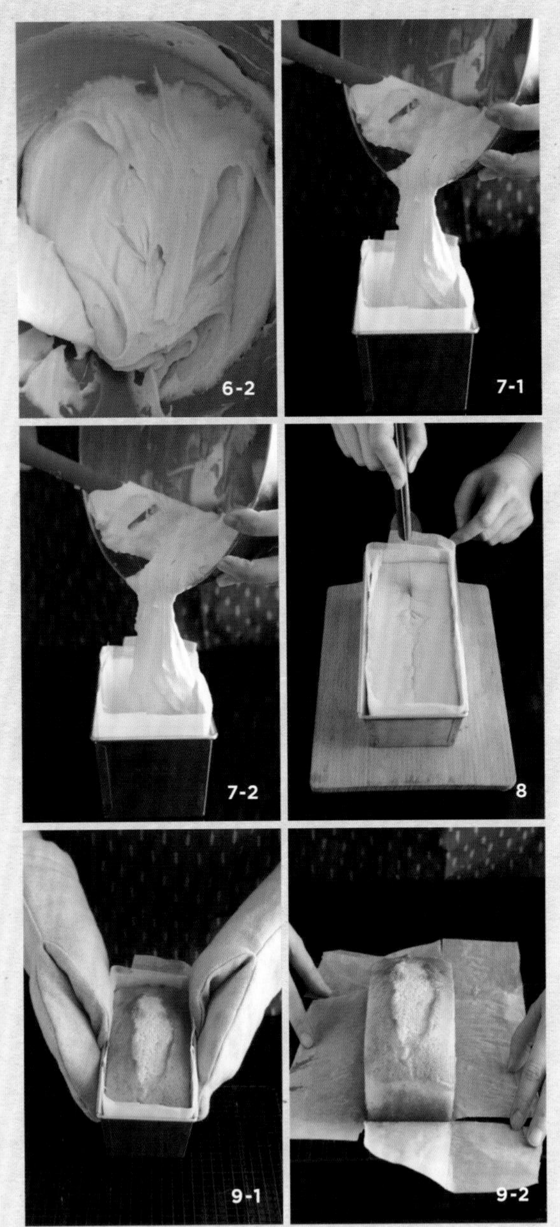

6-2 7-1 7-2 8 9-1 9-2

## 全蛋打發法

磅蛋糕一定得加泡打粉嗎？那可不一定。
Betty再多介紹一種手法，利用製作海綿蛋糕的全蛋打發技巧，
我們一樣可以烤出中央有著澎發山脊的磅蛋糕，
而且質地更是細緻呢。

**食材**

- 無鹽奶油　100g
- 細砂糖　80g
- 常溫雞蛋　2顆
- 低筋麵粉　100g
- 鮮奶　2大匙

**準備器具**

- 磅蛋糕模容量 700ml（18*9*6cm）
- 電動攪拌機
- 23cm 調理盆（外加一個隔水加熱盆）
- 打蛋器
- 耐熱玻璃杯（融化奶油用）

**烤箱溫度**

- 170度C

### 做法

- **模具鋪紙**

1 磅蛋糕模內先鋪上白報紙（或烘焙紙）。

- **打發全蛋及拌合材料**

2 調理盆內倒入雞蛋與砂糖，將其打發至用攪拌棒舀起蛋液，流下的蛋液如緞帶般堆疊、可清楚寫8字暫時不易消失（請見技巧5如何成功打發全蛋）。

3 當裝著蛋液調理盆加熱至微溫，並且拿開熱水的同時，就可將無鹽奶油裝入一個耐熱玻璃杯（或小調理盆）中，放在熱水中隔水加熱至融化，奶油融化後即熄火，但仍繼續保溫在熱水中不取出。

**POINT !** 無鹽奶油維持在溫熱的溫度（約45-50度C），接下來就會較易與麵糊拌合。

4 鮮奶加入步驟2打發的全蛋中拌勻。

● 切拌的手法

5 再將低筋麵粉篩入麵糊，以切拌的方式輕柔地拌至均勻。

**POINT!** 混拌粉類時，為不破壞全蛋打發的氣泡下，用刮刀從盆底輕柔地將麵糊舀起，而摺下的同時將刮刀轉為直立（如同拿菜刀般）從遠處往近身切開，一直重複此動作，似在寫日文「の」般，並適時的旋轉調理盆，讓每個地方的麵糊都能攪拌到，務必輕柔地重複動作至拌勻。

6 最後將隔水加熱融化的無鹽奶油，分多次慢慢地淋在刮刀上，讓刮刀先承接奶油，讓奶油能四散至麵糊表面再拌合均勻。

**POINT!** 將奶油先倒在刮刀上，能讓奶油分散至麵糊表面，可防止奶油一股腦兒倒入而沉到麵糊底部不易拌合。

● 倒入模具

7 將麵糊倒入模具中，用刮刀將表面略抹平，再於桌面輕敲2-3下，讓麵糊均勻填滿個角落。

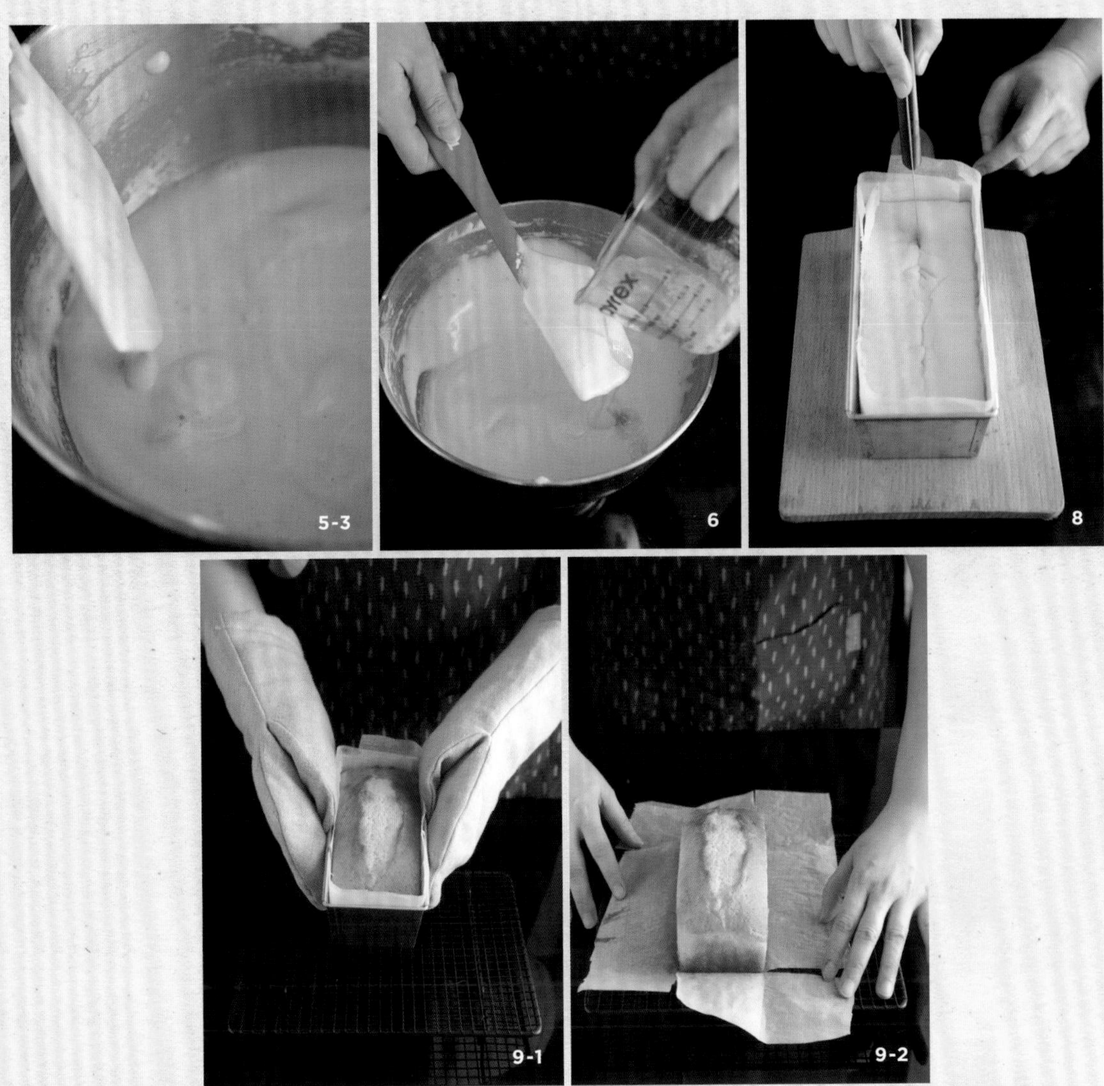


## 烘烤

8 放進預熱170度C烤箱烤35分鐘左右，至蛋糕探針（cake tester）或竹籤刺入不沾黏即可出爐。另於烘烤約10分鐘後，麵糊表面已稍變硬、已結皮，可用水果刀於麵糊中心縱向劃一刀。

**POINT!** 有在麵糊中心劃這一刀的話，蛋糕的裂口會較平整，若不劃，蛋糕會有自然的爆發裂紋亦可，端看個人喜愛。

**POINT!** 需待麵糊表面已結皮再劃一刀，如此裂口會如同刀痕般筆直，若麵糊還呈現稀軟狀態，劃下去這一刀也會是徒勞無功的。

## 脫模與冷卻

9 出爐時，將模具從10-15cm處輕落桌面，並立即脫模並放在蛋糕冷卻架上，再靜待蛋糕體降至微溫撕除白報紙，立即用保鮮盒、保鮮袋密封起來至冷卻。

## 怎樣才算成功的磅蛋糕呢？

我們先來解釋成功的磅蛋糕外觀需呈現出如何的樣貌，
接下來再一一剖析什麼樣的外觀和原因，
進而造成磅蛋糕外觀的不理想。

- 成功的磅蛋糕中央有著澎發山脊。
- 蛋糕質地細緻。
- 整體有著均勻的烤色。

如此狀態的磅蛋糕，
入口才會感受到蛋糕體的細緻濕潤。

磅蛋糕常見失敗點1

## 做磅蛋糕常被叮嚀要避免「油水分離」，什麼是油水分離狀態？

雞蛋加入奶油中並使其均勻混合的過程叫「乳化」，乳化成功的麵糊質地滑順，而相反的，乳化不成功，造成油水分離的麵糊質地如破碎四散的豆花，且蛋糕成品的質地也會是粗糙的。

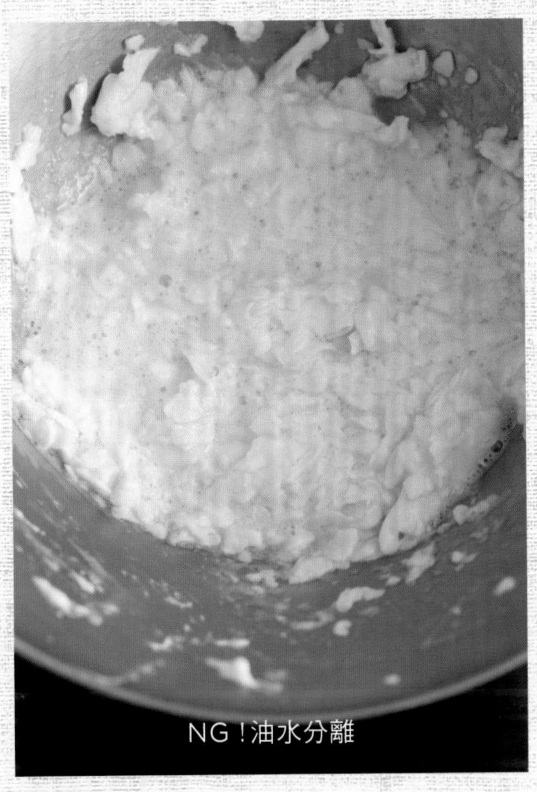

NG！油水分離

磅蛋糕常見失敗點2

## 磅蛋糕麵糊出現油水分離了，還能補救嗎？

在油水分離的初期，也就是看見麵糊已稍微出現不滑順、呈現些許「碎豆花」狀時，即快速加入配方中一半的麵粉量進去攪拌，麵粉能幫助吸收分離的水分，還能稍微補救油水分離的狀況。

但若已經出現大量油水分離，則不建議再繼續作業下去，因為油水分離的麵糊烤出的蛋糕口感著實不佳，吃起來像「粿」且蛋糕體質地也粗糙。

## 磅蛋糕常見失敗點3
## 我的磅蛋糕爲何口感乾硬？質地粗糙？甚至吃起來像粿~

磅蛋糕在糕點製作中，常被歸類於適合新手的初級甜點，雖工序不難、食材也不繁瑣，但是常見到油水分離的狀況，導致口感不佳，而造成油水分離的原因為：

**1 奶油未確實放室溫軟化**

奶油需軟化至手指不需用力即可輕易插入的程度，如此的軟度才能輕易打發。

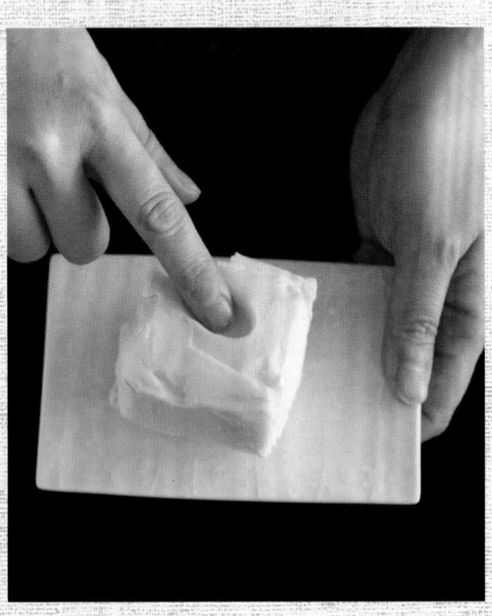

**2 雞蛋溫度過低**

低溫的雞蛋會使得奶油硬化，造成乳化的過程失敗。

**正常狀態** **油水分離狀態**

磅蛋糕常見失敗點4

## 烤好的磅蛋糕表面為何有一層厚厚的粉衣？

入模之前做防黏處理時，若未將多餘的粉末敲掉抖落，則蛋糕出爐脫模後，蛋糕表面會容易形成厚厚一層粉衣，影響口感及視覺。

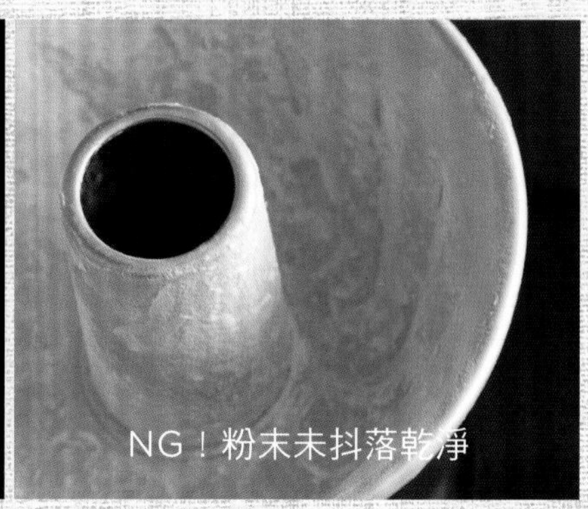

NG！粉末未抖落乾淨

磅蛋糕常見的保存問題1

## 出爐的磅蛋糕要如何保存？

磅蛋糕出爐一脫模立即放在蛋糕冷卻架上，至手能觸摸的溫度即可撕除白報紙，再待蛋糕體降至微溫，立即用保鮮盒、保鮮袋密封室溫保存，甚至有些點水蒸氣都沒關係，濕氣會讓蛋糕體變得濕潤。千萬不要將磅蛋糕直接「裸放」在室溫環境中，這可是會讓蛋糕體的水分蒸發掉，最後變得乾硬、口感不佳的。

磅蛋糕常見的保存問題2

## 磅蛋糕放置隔天後，蛋糕表面摸起來變得有點濕濕的，是正常嗎？

建議隔天食用磅蛋糕的風味會是最佳的，經過一夜的靜置，蛋糕體表面摸起來會有點濕濕潤潤的回潤現象，這是正常的，不用擔心，此時整個蛋糕體風味絕對與剛出爐時大大不同。

剛出爐的蛋糕，各食材有著自己獨特的個性，各自彰顯表現著，但是耐心地等待一晚讓食材彼此融合交融，蛋糕體整體的風味更是上層樓，口感也更潤澤，所以老話一句，好東西是需要時間等待的

# 清新檸檬磅蛋糕
## Lemon Pound Cake

這檸檬風味磅蛋糕可是磅蛋糕界中的超級經典款，也是歷久不敗的常青款，喜愛清新風味的你，可是絕對不要錯過喔。

食材

● 檸檬磅蛋糕
- ○ 無鹽奶油　100g
- ○ 細砂糖　100g
- ○ 常溫雞蛋　2顆
- ○ 低筋麵粉　100g
- ○ 無鋁泡打粉　1小匙
- ○ 新鮮檸檬汁　1.5大匙
- ○ 檸檬皮末　1/3顆

● 頂飾 檸檬糖霜
- ○ 糖粉　50g
- ○ 新鮮檸檬汁　2-3小匙
- ○ 檸檬皮末　1/4顆

準備器具
- ○ 磅蛋糕模容量 700ml（18*9*6cm）
- ○ 電動攪拌機
- ○ 23cm調理盆
- ○ 刮刀
- ○ 刨絲器

烤箱溫度
- ○ 170度C

## 做法

### ● 模具鋪紙

1 磅蛋糕模內先鋪上白報紙（或烘焙紙）。

### ● 打發奶油霜

2 先將砂糖與檸檬皮末用手先抓拌一會兒，讓檸檬皮中的精油香氣滲透至砂糖中。

3 將室溫軟化的無鹽奶油與及步驟2的砂糖打發至奶油顏色變白、變得鬆發絨毛狀（請見技巧6如何成功打發奶油）。

### ● 加入蛋液

4 請見100頁「磅蛋糕製作-全蛋混合法」完成步驟3-4。

5 將低筋麵粉、泡打粉一起篩入，以刮刀仔細的拌勻至看不見粉類且呈現光澤為止。

### ● 加入風味

6 最後加入檸檬汁一樣攪拌均勻。

### ● 入模烘烤＆脫模

7 請見100頁「磅蛋糕製作-全蛋混合法」完成步驟7-9。

### ● 頂飾

8 製作檸檬糖霜：將糖粉與檸檬汁拌勻，再隨意的淋在已冷卻的磅蛋糕上，趁檸檬糖霜尚未凝固，輕撒上檸檬皮末。

**POINT!** 檸檬汁不用一次全加入，先預留0.5-1小匙的量，請視糖霜稠度來斟酌。

# 帶我走杯子蛋糕

## Tiramisu Cup Cake

小巧的杯子蛋糕，向來是風姿婉約淑女的心頭好，品嚐起來狀態優雅，份量也是那麼的恰好適中呢，頂飾的奶油餡更是各家爭奇鬥豔發揮創意的好舞台！

食材

- 蛋糕
- 無鹽奶油 100g
- 細砂糖 100g
- 常溫雞蛋 2顆
- 低筋麵粉 85g
- 無鋁泡打粉 1小匙
- 無糖可可粉 15g
- 卡魯哇咖啡酒 1大匙

- 頂飾
- 馬斯卡朋起士 150g
- 蜂蜜 15~25g（視喜愛甜度斟酌）
- 巧克力糖珠適量

準備器具

- 6連馬芬模
- 電動攪拌機
- 23cm調理盆
- 刮刀
- 防油紙模（47*37mm）

烤箱溫度

- 170度C

## 做法

### 鋪紙模

1 6連馬芬模擺上6個防油紙模。

**POINT !** 若無馬芬模的話，亦可選用硬式紙模，如此則可不需馬芬模來支撐。

### 打發奶油霜

2 將室溫軟化的無鹽奶油與及砂糖打發至奶油顏色變白、變得鬆發絨毛狀（請見技巧6如何成功的打發奶油）。

### 加入蛋液

3 請見100頁「磅蛋糕製作-全蛋混合法」完成步驟3-4。

### 拌入粉類

4 將低筋麵粉、泡打粉、無糖可可粉一起篩入，以刮刀仔細的拌勻至看不見粉類且呈現光澤。

### 加入風味

5 最後將卡魯哇咖啡酒倒入並拌均勻。

### 入模烘烤

6 將麵糊裝入擠花袋，裝填約8分滿模，再放進170度烤箱烤20~25分鐘左右，以蛋糕探針（cake tester）或竹籤刺入不沾黏即可。

### 入模烘烤

7 出爐後，立即脫模並放在蛋糕冷卻架上待涼備用。

### 頂飾

8 將頂飾材料馬斯卡朋起士、蜂蜜拌至滑順，再隨意塗抹在杯子蛋糕上，最後可撒上幾顆巧克力糖珠裝飾即完成。

# 雙重享受香蕉可可磅蛋糕

## Banana & Chocolate Pound Cake

香蕉和誰最是契合呢，答案200%絕對是巧克力無誤！那就貪心地一次盡情地品嘗這兩種風情吧～

食材

- 無鹽奶油150g
- 細砂糖120g
- 常溫雞蛋3顆

- 巧克力磅蛋糕
- 低筋麵粉　42g
- 無糖可可粉　8g
- 無鋁泡打粉　1/2小匙
- 鮮奶　1.5大匙

- 香蕉磅蛋糕
- 低筋麵粉　100g
- 無鋁泡打粉1小匙
- 香蕉70g（約1條中型香蕉）

**準備器具**

- 咕咕霍夫蛋糕模 直徑18cm（容量 1000ml）
- 電動攪拌機
- 23cm 調理盆2個
- 刮刀

**烤箱溫度**

- 170度C

## 做法

### ● 模具防沾黏處理

1 先於咕咕霍夫模內的每個角落皆抹上份量外的一層薄奶油，再輕撒上高筋麵粉，讓整個模具滾一圈，待模具每個角落都沾上麵粉後，再輕敲抖落多餘的麵粉，即完成防沾黏處理，最後送冰箱冷藏備用。

### ● 打發奶油霜

2 將室溫軟化的無鹽奶油與及砂糖打發至奶油顏色變白、變得鬆發絨毛狀（請見技巧6如何成功打發奶油）。

### ● 加入蛋液

3 請見100頁「磅蛋糕製作-全蛋混合法」完成步驟3-4，而2大匙的低筋麵粉則取用於香蕉磅蛋糕配方中的低筋麵粉。

### ● 製作香蕉磅蛋糕

4 將步驟3的麵糊先取2/3。

### ● 拌入粉類

5 將香蕉磅蛋糕配方中的低筋麵粉、泡打粉一起篩入，以刮刀仔細的拌勻至看不見粉類且呈現光澤。

### ● 加入風味

6 最後將香蕉用叉子壓成泥後，倒入麵糊中攪拌均勻，並倒入模具中並輕敲2-3下讓麵糊平整。

**POINT !** 建議用表皮已開始變黑的香蕉，此時熟度最佳、風味最香濃。

### ● 製作巧克力磅蛋糕

7 取用步驟3剩下的麵糊。

### ● 拌入粉類

8 將巧克力磅蛋糕配方中的低筋麵粉、無糖可可粉、泡打粉一起篩入，以刮刀仔細的拌勻至看不見粉類且呈現光澤，再將鮮奶也拌入至均勻，最後再均等地倒入模具中，用刮刀將表面略抹平。

### ● 入模烘烤

9 放進170度烤箱烤40分鐘左右，以蛋糕探針（cake tester）或竹籤刺入不沾黏即可。

10 出爐後，將模具從10-15cm處輕落桌面，立即脫模並放在蛋糕冷卻架上，再靜待蛋糕體降至微溫，立即用保鮮盒、保鮮袋密封起來至冷卻。

# 再戀芒果優格磅蛋糕

## Mango Yogurt Pound Cake

嗜食果乾的Betty，總是一直在尋覓好吃的果乾，似乎是一種想把水果鮮甜的記憶一直長留在味蕾的執拗情愫～尤其是愛文芒果是台灣夏季裡最具代表性的水果，酷熱的炎夏就是該大啖鮮甜多汁芒果的節氣，而過了熱炎夏呢？沒關係，還是有著風味更是濃縮，果肉口感厚實的芒果果乾可以繼續依戀著。

食材

- 磅蛋糕
  - 雞蛋　2顆
  - 細砂糖　80g
  - 原味優格　2大匙
  - 低筋麵粉　100g
  - 無鹽奶油　100g
  - 芒果果乾　50g

- 頂飾
  - 白巧克力　適量
  - 芒果果乾　適量
  - 糖珠　適量

烤箱溫度

- 170度C

準備器具

- 磅蛋糕模 容量 700ml (18*9*6cm)
- 電動攪拌機
- 23cm 調理盆(外加一個隔水加熱盆)
- 打蛋器
- 三明治袋
- 耐熱玻璃杯(融化奶油用)
- 小調理盆(融化巧克力用)

1

3

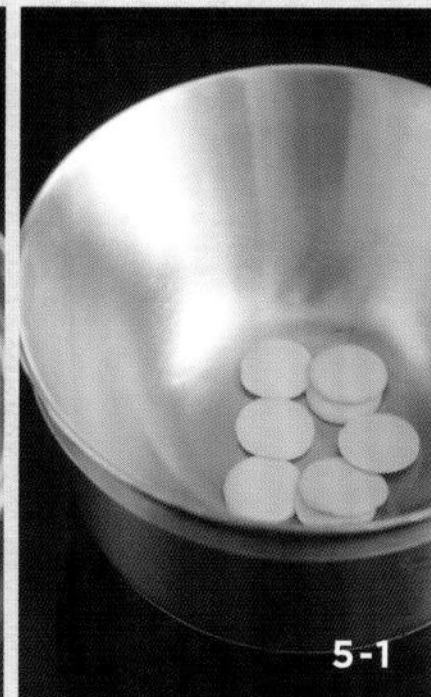
5-1

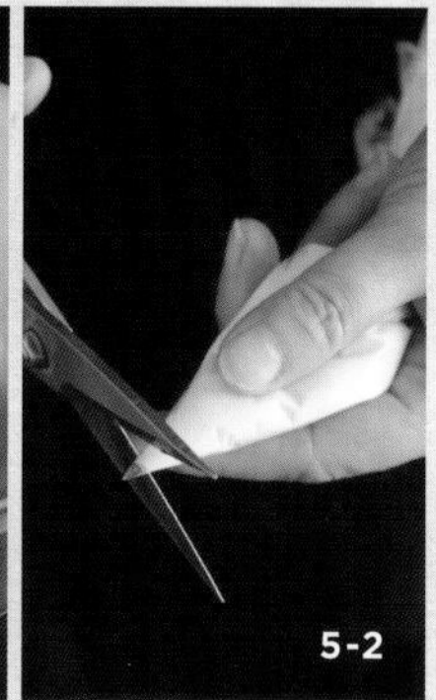
5-2

## 做法

### ● 模具鋪紙

1 磅蛋糕模內先鋪上白報紙(或烘焙紙)。

### ● 打發全蛋及拌合材料

2 請見103頁「磅蛋糕製作-全蛋打發法」完成步驟2-6，步驟4的鮮奶以原味優格取代。

3 最後將切成約1cm丁狀的芒果乾倒入略拌即可。

### ● 倒入模具 &烘烤

4 請見103頁「磅蛋糕製作-全蛋打發法」完成步驟7-9。

### ● 頂飾

5 將白巧克力放入小調理盆中並隔水加熱至融化後，倒入三明治袋中，並剪一小缺口，隨意淋在磅蛋糕上。

6 趁巧克力尚未凝固，可以將適量的切丁芒果乾及糖珠妝點上。

# 柳橙邂逅起士夾心蛋糕

## Orange & Mascarpone Layer Cake

磅蛋糕除了可以不用泡打粉來製作，當然，Betty還要再進一步告訴大家，磅蛋糕還可以用植物油來取代奶油呢，且操作工序也較省事，而口感呢，更是輕柔不厚重～

**食材**

- ● 橙香磅蛋糕
- ○ 雞蛋　2顆
- ○ 細砂糖　80g
- ○ 柳橙汁　2大匙
- ○ 低筋麵粉　100g
- ○ 檸檬皮末　1/3個
- ○ 植物油　100g

- ○ 馬斯卡朋起士100g

- ● 柳橙凝乳
- ○ 雞蛋　1個
- ○ 糖　45g
- ○ 柳橙汁40g
- ○ 檸檬汁10g
- ○ 無鹽奶油25g

**準備器具**

- ○ 直徑15cm圓形蛋糕模
- ○ 電動攪拌機
- ○ 23cm調理盆（外加一個隔水加熱盆）
- ○ 打蛋器
- ○ 厚底平底鍋
- ○ 刮刀
- ○ 網篩

**烤箱溫度**

- ○ 170度C

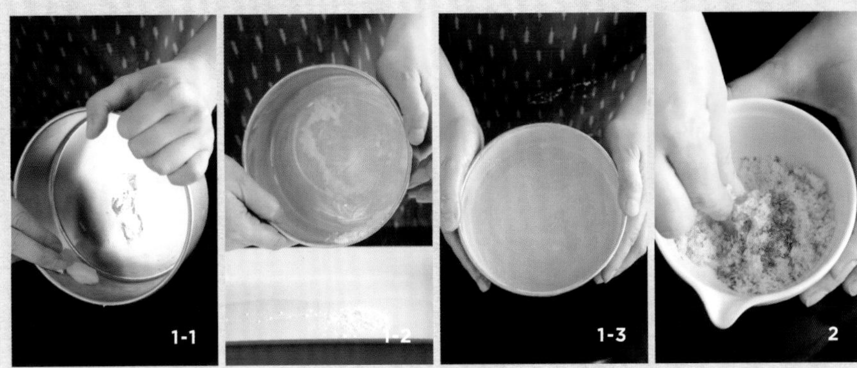


## 做法

### ● 模具防沾黏處理

1 圓型模內每個角落先抹上份量外的一層薄油，再輕撒上高筋麵粉，整個模具滾一圈，讓模具每個角落都沾上麵粉後，再輕敲抖落多餘的麵粉，即完成防沾黏處理，最後送冰箱冷藏備用。

### ● 打發全蛋及拌合材料

2 先將砂糖與檸檬皮末用手先抓拌一會，讓檸檬皮中的精油香氣滲透至砂糖中。

3 請見103頁「磅蛋糕製作- 全蛋打發法」完成步驟 2-6，步驟4的鮮奶以柳橙汁取代。

### ● 倒入模具&烘烤

4 請見103頁「磅蛋糕製作-全蛋打發法」完成步驟7-8，放進預熱至170度C的烤箱烤 25 分鐘左右，以蛋糕探針（cake tester）或竹籤刺入不沾黏即可出爐。

### ● 脫模與冷卻

5 出爐時，將模具提高於10-15cm處輕落桌面，再倒扣蛋糕冷卻架上，並取下模具靜置待降溫。

## ● 製作柳橙凝乳

6 將無鹽奶油切小丁並放室溫軟化。

7 取一厚底平底鍋將蛋、砂糖、檸檬汁、柳橙汁依序倒入鍋中並拌勻，開火加熱，加熱期間持續攪拌至濃稠且開始冒泡即離火。

**POINT！** 需煮至鍋中央冒大泡，如此才能將生雞蛋中的細菌去除。

8 趁熱倒入步驟6的無鹽奶油並攪拌至均勻，再貼覆一張保鮮膜於凝乳上，最後隔水降溫至冷卻。

**POINT！** 保鮮膜需完全貼覆在凝乳上，勿懸空地貼在鍋緣上，可防止水蒸氣滴落在凝乳中。

**POINT！** 隔水降溫採漸進式降溫，私心建議先泡常溫水一會，再泡冰水，可防止冷熱溫差過大造成鍋子的損傷。

## ● 組合

9 取步驟8的柳橙凝乳70-80g，與馬斯卡朋起士拌至滑順無顆粒即完成柳橙凝乳起士醬。

10 再將步驟5的磅蛋糕橫向剖半，取底部那片蛋糕並將步驟9的柳橙凝乳起士醬隨意塗抹後，再覆蓋頂部那片蛋糕且輕輕按壓，頂層可撒上防潮糖粉裝飾。

### Betty's Baking Tips

**1** 凝乳配方中的份量是較易操作的份量，故剩下的凝乳可裝瓶冷藏保存，用來塗抹麵包、司康…都好好吃呢。

**2** 亦可用新鮮百香果汁取代柳橙汁，變成百香果凝乳風味也很棒。

5
7
8-1
8-2
9
10-1
10-2
10-3
10-4

LESSON2

DOUGH&COOKIES ,TARTS, PIES

# 基礎麵團&餅乾塔派

只要學會奶油打發與基礎麵團製作，就能延伸出許多的甜點變化，
包含大人小孩都愛的各式餅乾，以及不同形式的甜塔與派。

Dough & Cookies , Tarts, Pies

pyrex
CUPS

D

# 奶油打發：餅乾類

學會奶油打發之後，可以適用於製作餅乾，
這裡要分享給大家的是糖油拌合法和無蛋無奶油的配方，
同時配搭不同樣式的餅乾外觀。

## 學會打發奶油後的烘焙練習

RECIPE1
美式榛果餅乾

RECIPE2
清脆優格小餅乾（無蛋無奶油配方）

RECIPE3
糖霜餅乾

## 先懂基礎！餅乾製作訣竅

1 糖油拌合時，僅需將奶油與糖粉攪打至均勻。

2 拌麵糊手法需持續「一左一右」，大範圍在調理盆內切拌。

3 舀麵糊於烤盤上時，麵糊與麵糊間一定要預留空隙。

4 出爐後，放冷卻架上先冷卻再密封保存。

cookies

技巧 7

# 製作餅乾的重點與變化？

餅乾絕對是老少咸宜的點心，不僅適合當作茶點，
甚至自家嚴選材料手工製作出來的餅乾，沒有多餘的添加劑、
也沒有矯飾的化學添加物，
才是更能放心提供給小朋友食用的零嘴。

**材料的溫度**

所有材料請回復室溫再操作。如此可避免攪打奶油與雞蛋的分離。

**過度攪拌會使餅乾變硬**

混合粉類時，不要過度攪拌以免出筋。所謂的「出筋」是指：麵粉中含有蛋白質，而蛋白質遇到水經由攪拌即會產生筋性，因此若是過度攪拌，可是會讓餅乾口感變硬、不酥鬆喔。

**糖油比例影響口感**

餅乾的配方一般為麵粉：奶油：糖=2：1：1，但有人擔心太甜，所以減少了糖的比例；喜愛酥鬆口感的人，則可以變化一下油的比例，改為麵粉：奶油：糖=3：2：1。不管是哪一種，餅乾的配方比例皆無絕對的定案，也並非如比例公式般的死板，端看個人喜愛的口感來斟酌變化，你也可以創造出自己喜愛的餅乾。

了解以上重點後，我們就來嘗試糖油拌合法以及無蛋無奶配方，做出作不同風味的餅乾食譜吧。

## 怎樣才算成功的餅乾呢？

我們先來解釋成功的餅乾外觀需呈現出如何的樣貌，
接下來再一一剖析什麼樣的外觀和原因，
進而造成餅乾外觀的不理想。

- 整體有著均勻的烤色。
- 口感酥脆且外觀金黃色。

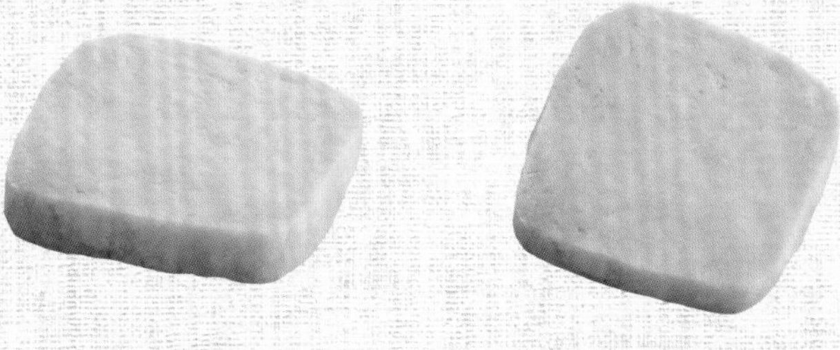

烤過熟

厚薄不均

烤色不均

餅乾常見失敗點1

## 爲何我的餅乾顏色不均，有的深、有的淺？

**POINT! 餅乾厚度大小形狀要一致**

餅乾的厚度、大小、形狀請盡量一致，因為在同一烤盤中烘烤，若大小、形狀不一，可是會讓麵團烘烤上色狀況不同，進而影響熟度、外觀及口感。

**POINT! 依據烘烤狀況微調時間**

若依照食譜烤溫、烘烤時間設定，但是餅乾依舊尚未烤成金黃色，則提高烤溫10度C，或是延長時間試試。反之，若是依照食譜烤溫、烘烤時間設定，而餅乾上色太快，甚至烤色過深，則降低烤溫10度C，或是縮短時間試試。

**POINT! 已烤熟的餅乾就先取出**

若在烘烤時已經有餅乾上色烤熟的話，就先取出吧，可是不要等到整盤烤好才一併取出喔！

**POINT! 察顏觀色以免上色不均**

烤餅乾要隨時察顏觀色，因為烤箱或多或少都存在著火力不均的狀況。烘烤時，若發現一邊已經上色，而一邊麵糊還是白白的話，就要「立刻將烤盤掉頭」。

餅乾常見失敗點2

## 爲何餅乾的質地好硬，不酥鬆？

**POINT! 製作前先讓奶油軟化**

製作餅乾麵團前，奶油需放室溫軟化至手指可以輕易插入的程度，若奶油過硬或是過軟，都無法將空氣打入，就會使得餅乾口感不酥鬆囉。

**POINT! 避免麵糊攪拌過度以至出筋**

必須用刮刀切拌，確實拌勻奶油糊與麵粉，也就是拿刮刀時，就像拿取菜刀般的直立狀，持續「一左一右」大範圍在調理盆內的切拌，另一手則適時地轉調理盆，直至奶油糊與麵粉均勻的混合「切拌」且成團，最後將再壓拌幾下即可。

若是以規則的繞圈、用力攪拌則會讓麵團出筋影響口感。

# 美式榛果餅乾

## Hazelnut Cookie

美式餅乾的外型總是豪放不羈，沒一個一樣的，每個餅乾都有各自的獨特樣貌，而這也是家庭手工製作餅乾的樂趣，每取用一個時，請先好好端詳手中這餅乾的獨特性，就像自己生的小孩子，雖然個個是「同一工廠」產出，但是每一個就是有著自己與生俱來的性格與脾氣，每一個就是那麼的不一樣。

**食材**

- ○ 無鹽奶油 80g
- ○ 糖粉 40g
- ○ 室溫雞蛋 30g
- ○ 低筋麵粉 120g
- ○ 榛果 50g

**準備器具**

- ○ 電動攪拌機
- ○ 23cm調理盆
- ○ 刮刀
- ○ 湯匙

**烤箱溫度**

- ○ 150度C

**份量**

- ○ 約24顆

## 做法

### ● 製作奶油糊

1 將室溫軟化的無鹽奶油與及糖粉放進調理盆中，接著壓拌糖粉，拌入無鹽奶油中，再用電動攪拌機攪打至均勻即可。

**POINT!** 製作餅乾時，奶油不需要像製作磅蛋糕般打至顏色變白、變得鬆發絨毛狀。僅需將奶油與糖粉攪打至均勻即可，若奶油打的過發，出爐的餅乾容易龜裂。

2 打散雞蛋，分4-5次加入打發的奶油霜中，每加一次都要仔細攪拌至蛋液吸收，才能再加入下一次，完成時的麵糊會呈現滑順狀。

### ● 篩入粉類

3 再將麵粉篩入，刮刀要像拿取菜刀般的直立狀，持續一左一右的大範圍在調理盆內切拌，另一手則適時地轉調理盆，直至奶油糊與麵粉混合且略成團，再將榛果倒入略拌一下，最後再壓拌幾下即可。

**POINT!** 請用烤培過的熟堅果，若是生的話，可用烤箱以150度C低溫烘烤至上色，或是用平底鍋以小火慢炒至上色且出現油光為止，待涼備用。

**POINT!** 加入粉類後不要過度攪拌，以免麵團出筋而影響口感。

### ● 塑形

4 將烤盤鋪上烤焙墊或烘焙紙，用湯匙舀取適量的麵糊（約13g）並間隔約2-3cm的距離，依序舀入，約可製作24顆餅乾。

**POINT!** 舀取的麵糊量盡量不要大小差太多，如此烘焙的熟度才會一致喔。

**POINT!** 麵糊與麵糊間一定要預留空隙，因為麵糊一加熱後就會攤開一些。

### ● 烘烤

5 放進預熱至150度C烤箱，烤25分鐘直至呈現金黃色即熄火，出爐後放冷卻架上，冷卻後再密封保存。

1-1
1-2
2-1
2-2
3-1
3-2
3-3
made in France
4
made in France
5

# 清脆優格小餅乾
## Yogurt Cookie

有時想抽離繁雜瑣事，飛到一個清淨、舒服、無多餘打擾的清靜之境，而味蕾呢？試試不用奶油、不用雞蛋來製作餅乾，取而代之的是輕盈的植物油、輕爽的優格，絕對會是個大大不同的味蕾新體驗。

食材

- 低筋麵粉　200g
- 糖粉　60g
- 鹽　1小撮
- 植物油　80g
- 原味優格　40g
- 砂糖　適量

準備器具

- 23cm調理盆
- 刮刀

烤箱溫度

- 150度C

## 做法

### ● 製作餅乾麵團

1 將低筋麵粉、糖粉、鹽放入一大碗中並和勻，再依序將植物油及優格倒入，用刮刀要像拿取菜刀般的直立狀，持續一左一右的大範圍在調理盆內切拌，另一手則適時地轉動理盆，直至奶油糊與麵粉均勻的混合且成團，最後再壓拌幾下即可。

### ● 塑形

2 將步驟1的麵團略捏塑成長條狀，再用保鮮膜包覆起來，塑成每邊約4cm方型的長條狀 。

**POINT !** 只要將麵團均勻用力的在桌面上敲打，四個面即可塑成方形。

3 再將麵團放進冰箱冷凍約20-30分鐘至略定型。

4 取出後，於側邊滾上一圈砂糖，再切成每片約0.5cm厚，將麵團擺到烤盤上，每個間隔約2-3cm的距離。

### ● 烘烤

5 再放進預熱至150度C烤箱，烤25分鐘直至呈現金黃色即熄火，出爐後放冷卻架上，冷卻後即可密封保存。

# 糖霜餅乾
## Icing Cookie

總希望餅乾能不那麼千篇一律，能多點豐富色彩、多點心思巧意，就能讓你的手工餅乾有完全不同的面貌喔。

**食材**

● 餅乾
- ○ 無鹽奶油　100g
- ○ 糖粉　70g
- ○ 室溫雞蛋　50g
- ○ 低筋麵粉　200g

● 頂飾
- ○ 糖粉　200g
- ○ 新鮮檸檬汁　2.5大匙
- ○ 開心果　適量
- ○ 蔓越莓果乾　適量

**準備器具**
- ○ 電動攪拌機
- ○ 23cm調理盆
- ○ 刮刀
- ○ 約6.5cm的心型壓膜
- ○ 擀麵棍

**烤箱溫度**
- ○ 150度C

**份量**
- ○ 約23-24顆

## ● 製作奶油糊

1　室溫軟化的無鹽奶油與及糖粉放入調理盆，將糖粉壓拌入無鹽奶油中，再用電動攪拌機攪打至均勻即可。

**POINT !**　製作餅乾時，奶油不需要像製作磅蛋糕般打至顏色變白、變得鬆發絨毛狀。僅需將奶油與糖粉攪打至均勻即可，若奶油打的過發，出爐的餅乾容易龜裂。

2　再將雞蛋打散，分4-5次加入打發的奶油霜中，每加一次都要仔細攪拌至蛋液吸收，才能再加入下一次，完成時的麵糊會呈現滑順狀。

1-1

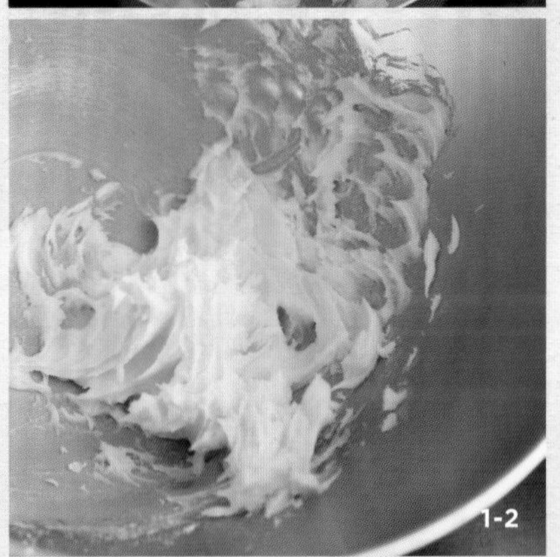
1-2

- 篩入粉類

3 依序將麵粉篩入，用刮刀要像拿取菜刀般的直立狀，持續一左一右的大範圍在調理盆內切拌，另一手則適時地轉調理盆，直至奶油糊與麵粉均勻的混合且成團，最後再壓拌幾下即可。

POINT！ 加入粉類後不要過度攪拌，以免麵團出筋而影響口感。

- 塑形

4 將麵團用保鮮膜包覆起來，並略壓平，放至冰箱冷藏30分鐘至略定型為止。

5 從冰箱取出後，將麵團擀成約0.6cm厚，再用壓模壓出心型，剩餘的麵團一樣聚集成團後，再壓擀成0.6cm厚並繼續壓模。

POINT！ 在操作時，可適時的在桌面撒些高筋麵粉防沾黏。

POINT！ 若無心型壓模，亦可選用喜愛的壓模。建議壓模可沾覆一些高筋麵粉，如此在壓模時，可防沾黏亦好脫模。

6 在烤盤內鋪上烤焙墊或是烘焙紙，擺上壓好的麵團，每個間隔約2-3cm的距離。

- 烘烤

7 放進預熱150度C烤箱烤25分鐘直至呈現金黃色即熄火，出爐後放冷卻架上至冷卻備用。

- 頂飾

8 先將開心果及蔓越莓果乾切碎備用。

9 將糖粉與檸檬汁拌勻成滑順狀的糖霜，取餅乾沾覆並滴落多餘的糖霜，趁糖霜未凝固前撒上開心果碎或是蔓越莓果乾碎，並靜置待糖霜凝固，即可密封保存。

POINT！ 在沾覆糖霜時，若發現糖霜變得較稠或是較乾時，可再酌量加點檸檬汁來調整稠度。

2-1
2-2
3-1
3-2
3-3
4
5-1
5-2
9-1
9-2
9-3
9-4

E

# 奶油打發：塔派

奶油打發延伸的最後一個烘焙品項，
是受到許多人喜歡的塔和派。這裡介紹糖油拌合法，
以及懶人新手也一定做得成的簡易派皮，
可以自由填入喜愛的餡料。

## 學會打發奶油後的烘焙練習

RECIPE1
酸香檸檬塔

RECIPE2
滿滿紅豆抹茶塔

RECIPE3
焦香蜜糖蘋果塔

RECIPE4
春意草莓塔

RECIPE5
懶人的綜合莓果派

## 先懂基礎！甜塔製作訣竅

1 不要攪拌過度，以免麵團出筋，甚至塔皮會緊縮。
2 務必確實鬆弛麵團，放一晚為最佳，烘烤後才不會回縮或變形。
3 擀圓麵團時，要注意擀的方式，邊擀邊將麵團轉動一下。
4 用叉子刺出孔洞，讓烘烤時熱氣可以排出，塔皮就會平整。
5 烘烤時，刷上一層蛋液形成隔絕層，能讓塔皮維持酥脆。

sweet tarts&pies

## 技巧 8
# 如何製作口感細緻的甜塔？

餅、塔本一家，製作餅乾與甜塔的技法幾乎相同，
Betty甚至私心地認為，甜塔其實就是餅乾的放大版，
華麗版罷了，只要會做餅乾，甜塔就不是難事了。

至於為何說是華麗版呢？因為甜塔裡的餡料，
可說是包羅萬象、舉凡卡士達醬、酸香凝乳、杏仁奶油餡、
焦糖水果餡、巧克力、起士、慕斯…等等，
可是讓人口水流滿地，快快快，一起來烤甜塔吧～
而製作甜塔的注意事項與餅乾略同：

**過度攪拌會使餅乾變硬**

混合粉類時，不要過度攪拌以免出筋。所謂的「出筋」是指：麵粉中含有蛋白質，而蛋白質遇到水經由攪拌即會產生筋性，因此若是過度攪拌，可是會讓餅乾口感變硬、不酥鬆喔。

**材料的溫度**

所有材料請回復室溫再操作（除了簡易派皮外）。如此可避免奶油與雞蛋分離。

**製作時，選用糖粉為佳**

用糖粉來製作甜塔口感較細緻，且糖粉與奶油的密合較高，較易溶化，而製作餅乾時，則可依自己想營造出的口感來選擇細砂、糖粉或是其他種類的糖。

原味基本款！

# 先懂基礎！甜塔製作&失誤解析

**食材**

- 無鹽奶油　50g
- 糖粉　20g
- 鹽　1小撮
- 常溫雞蛋　20g
- 低筋麵粉　100g

**準備器具**

- 6吋可分離塔模
- 23cm調理盆
- 電動攪拌器
- 刮刀
- 刮板
- 擀麵棍
- 刷子

**烤箱溫度**

- 180度C

## 做法

### ● 製作奶油糊

1 將室溫軟化的無鹽奶油與鹽及糖粉放入調理盆中，將糖粉壓拌入無鹽奶油中，再用電動攪拌機攪打至均勻即可。

**POINT！** 製作塔皮時，奶油不需要像製作磅蛋糕般打至顏色變白、變得鬆發絨毛狀。僅需將奶油與糖粉攪打至均勻即可。

2 打散雞蛋，分4-5次加入打發的奶油霜中，每加一次都要仔細攪拌至蛋液吸收，才能再加入下一次，完成時的麵糊會呈現滑順狀。

### ● 篩入粉類

3 依序將麵粉篩入，用刮刀要像拿取菜刀般的直立狀，持續一左一右的切拌，另一手則適時地轉調理盆，直至看不見麵粉，此時用刮刀再壓拌幾下成團即可。

**POINT！** 不要攪拌過度，以免麵團出筋而影響口感，甚至塔皮會緊縮。

4 將麵團用保鮮膜包覆起來，再用手略壓平，放進冰箱冷藏鬆弛30分鐘以上。

**POINT！** 能鬆弛一晚為佳，麵團裡的水分充分被麵粉吸收，吃起來的塔皮口感不會粉粉的，口感最佳。

### ● 塑形

5 適時撒上高筋麵粉於桌面，將冰箱取出的麵團先整成圓形，再用掌心略壓平，最後將麵團擀成約0.4cm厚的圓片狀塔皮。

**POINT！** 擀麵團時，擀麵棍要放在麵團的中央，再用手掌將擀麵棍往前推，再放回中央，再用手掌將擀麵棍往後推。每來回一次，就將麵團轉動一下，再持續上述的動作，如此多次之後，就能將麵團擀成圓片狀。

### ● 入塔模

6 利用擀麵棍將塔皮捲起，移至塔模上方並輕輕放上。

**POINT！** 放塔皮時，不要壓到擀麵棍而切斷了塔皮。若是尺寸較小的塔皮則不需用擀麵棍，直接用手拿取即可。

1-1
1-2
2-1
2-2
3-1
3-2
3-3
4
5-1

7 將塔皮沿著模型鋪平，尤其邊緣處一定要與模具貼合。

8 將側邊多餘的塔皮往下摺，再用刮刀從內往外刮除，再檢視一下有無破損，或是哪邊太薄，可將刮除的麵團拿來修補。

9 最後將塔皮側邊用手指慢慢按壓，再確定貼合。

10 用叉子在塔皮上叉出孔洞，再用密封袋密封起來放進冰箱冷藏鬆弛30分鐘。

**POINT !** 用叉子刺出孔洞，目的是要讓烘烤時熱氣可以排出，出爐時塔皮的底部才會是平整的。

**POINT !** 經過壓擀後，麵團會產生筋性，所以再放入冰箱鬆弛可避免塔皮緊縮。

**POINT !** 甜塔皮(Pâte Sucrée)麵團比較穩定，烘烤時不會內縮，所以進烤箱烘烤時可免壓重石定型，但請務必確實鬆弛。

## ● 烘烤

11 刷上一層份量外的蛋液，放進預熱至180度C的烤箱，烘烤20-25分鐘左右，至塔皮呈現金黃色。

**POINT !** 刷上一層蛋液可形成隔絕層，防止裝填餡料的水分浸潤了塔皮，而影響酥脆度。

12 出爐後放冷卻架上至稍微降溫即脫模，並待冷卻備用。

**Betty's Baking Tips**

切除多餘剩下的塔皮麵團可再聚合起來，用保鮮膜包覆再用密封袋密封，約可並放冷凍保存一個月、冷藏存2-3天，等收集一定的量可再來做塔皮。

5-2
6-1
6-2
6-3
7
8-1
8-2
9
10-1
10-2
11

## 怎樣才是成功的塔皮呢？

我們先來解釋成功的塔皮外觀需呈現出如何的樣貌，

接下來再一一剖析什麼樣的外觀和原因，

進而造成塔皮外觀的不理想。

- 整體烤色均勻。
- 塔皮沒有隆起或嚴重皺縮。

甜塔常見失敗點1

## 烘烤完成的塔皮，底部爲何會鼓鼓地隆起？

**POINT!** 麵團經過壓擀、塑形後，麵團會產生筋性，所以請確實放入冰箱鬆弛，此動作可避免塔皮緊縮。

**POINT!** 麵團入模後，需用叉子刺出孔洞，目的是要讓烘烤時熱氣可以排出，若無刺洞，則熱氣無處可宣洩，就有可能造成出爐時塔皮鼓起。

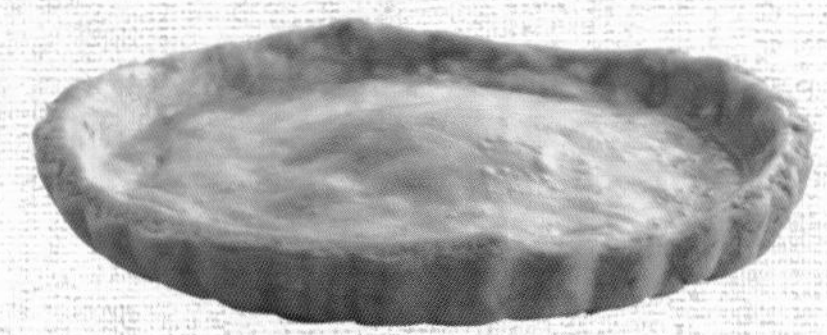

餅乾常見失敗點2

## 塔皮烘烤後爲何整個縮小許多，口感也好硬？

**POINT!** 拌合粉類時，切記勿拌合過度，僅需用「切拌」的方式至略成團即可，否則麵團一出筋，出爐後的塔皮size不但縮小許多，連口感也不酥鬆喔！

**POINT!** 壓麵皮以及麵皮入模貼合塔模時，厚度一定要一致，否則較薄的麵皮因為很快就烤熟而緊縮起來。

**POINT!** 擀麵團經過壓擀後，一定要適時放回冰箱鬆弛，如此可以減低筋性的產生。

薄處縫隙較大

塔皮厚度不一

# 酸香檸檬塔
Lemon Tart

酸溜溜檸檬塔的滋味可真是甜蜜，哈哈，我知道這樣講著實很反差，但這檸檬塔可是會讓人欲罷不能的愛上她，不知不覺中心已徜徉在雲端…。

食材

- ● 塔皮
- ○ 無鹽奶油　50g
- ○ 糖粉　20g
- ○ 鹽　1小撮
- ○ 常溫雞蛋　20g
- ○ 低筋麵粉　100g

- ● 檸檬凝乳
- ○ 雞蛋　50g
- ○ 細砂糖　50-70g（視檸檬酸度斟酌）
- ○ 新鮮檸檬汁　50g
- ○ 無鹽奶油　25g

烤箱溫度

- ○ 180度C

準備器具

- ○ 6吋可分離塔模
- ○ 23cm調理盆
- ○ 電動攪拌器
- ○ 刮刀
- ○ 刮板
- ○ 擀麵棍
- ○ 刷子
- ○ 打蛋器
- ○ 網篩
- ○ 矽膠刷（或毛刷）
- ○ 厚底平底鍋

## 做法

### ● 製作塔皮

1 請見142頁「甜塔製作」完整步驟先完成塔皮。

### ● 製作檸檬凝乳

2 將無鹽奶油切小丁並放室溫軟化。

3 取一厚底平底鍋，依序將蛋、砂糖、檸檬汁倒入鍋中並拌勻，開火加熱。加熱期間持續攪拌至濃稠且開始冒泡即離火。

**POINT !** 需煮至鍋中央冒大泡，如此才能將生雞蛋中的細菌去除。

4 趁熱倒入步驟2的無鹽奶油並攪拌至均勻，再貼覆一張保鮮膜於凝乳上，最後隔水降溫致冷卻。

**POINT !** 保鮮膜需完全貼覆在凝乳上，勿懸空地貼在鍋緣上，可防止水蒸氣滴落在凝乳中。

**POINT !** 隔水降溫採漸進式降溫，私心建議先泡常溫水一會兒，再泡冰水，可防止冷熱溫差過大而造成鍋子的損傷。

### ● 填餡料

5 將檸檬凝乳倒入塔皮中並略抹平，密封放冰箱冷藏1-2小時，待凝乳定型再食用，口感會較佳。

# 滿滿紅豆抹茶塔

## Redbeans & Matcha Tart

一杯綠茶，一味雅緻的抹茶香，

再來一口蜜紅豆的香甜與鬆綿，哇～這個午茶風情好和風。

食材

● 塔皮
- ○ 無鹽奶油　80g
- ○ 糖粉　30g
- ○ 鹽　1小撮
- ○ 常溫雞蛋　25g
- ○ 低筋麵粉　160g

● 頂飾
- ○ 蜜紅豆　適量
- ○ 防潮糖粉　適量

● 抹茶卡士達幕斯琳
- ○ 蛋黃　3顆
- ○ 細砂糖　60g
- ○ 低筋麵粉　23g
- ○ 抹茶粉　1.5小匙
- ○ 鮮奶　300g
- ○ 無鹽奶油　45g

烤箱溫度
- ○ 180度C

準備器具
- ○ 9吋可分離塔模
- ○ 23cm調理盆
- ○ 電動攪拌器
- ○ 刮刀
- ○ 刮板
- ○ 擀麵棍
- ○ 刷子
- ○ 打蛋器
- ○ 網篩
- ○ 厚底平底鍋
- ○ 19cm調理盆（拌合卡士達奶油用）
- ○ 擠花袋
- ○ 電子溫度計

## 做法

● 製作塔皮

1 請見142頁「甜塔製作」完整步驟先完成塔皮。

● 製作抹茶卡士達慕斯琳

2 將無鹽奶油切小丁，並放室溫軟化。

3 取一個19cm調理盆，依序倒入蛋、一半的細砂糖、過篩的低筋麵粉、抹茶粉拌勻。

4 再取一個厚底平底鍋，先倒入鮮奶以及一半的細砂糖，煮至鍋緣小冒泡即熄火。

POINT！ 鮮奶一加熱，鍋緣便會產生一層結皮，造成耗損以及影響口感，若加點砂糖則可避免此情形發生。

4

5 將鮮奶先少量分次倒入步驟3中，待整體滑順後，再全部倒入並攪拌均勻。

6 將濾網架在厚底平底鍋上，將步驟5過濾。

7 過濾後開中大火加熱，加熱期間持續攪拌，並注意鍋底邊緣一定要攪拌到，當水分煮到越來越少時，會容易結塊以及燒焦。需煮至濃稠且鍋子中央開始冒大泡即離火。

**POINT !** 需煮至鍋中央冒大泡，若用溫度計測量此時溫度約在80-85度C間。

**Betty's Baking Tips**

若喜歡卡士達慕斯琳的口感更絲滑，可將配方中的麵粉一半替換成玉米粉。

8 先貼覆一張保鮮膜於步驟7上，最後隔水降溫至約40度C，再將步驟2的無鹽奶油加入，攪拌至均勻即完成卡士達慕斯琳。

**POINT !** 隔水降溫採漸進式降溫，私心建議先泡常溫水一會，再泡冰水，可防止冷熱溫差過大造成鍋子的損傷。

**POINT !** 保鮮膜需貼覆在卡士達上，而非覆蓋在鍋緣，可防止卡士達結皮。

- **填餡料**

9 將抹茶卡士達慕斯琳倒入塔皮中並抹平。

- **頂飾**

10 沿著塔皮緣撒上蜜紅豆。

11 可於四周撒上防潮糖粉裝飾。

5-1
5-2
6
7
8-1
8-2
9
10

# 焦香蜜糖蘋果塔
## Caramel & Apple Tart

小巧一個塔，有著微隱焦香的蘋果丁、淡柔的肉桂香、以及隱隱成熟微苦的焦糖醬幫襯，一整個好豐富～

**食材**

- 塔皮
  - ○ 無鹽奶油　55g
  - ○ 糖粉　25g
  - ○ 鹽　1小撮
  - ○ 常溫雞蛋　20g
  - ○ 低筋麵粉　110g

- 焦糖醬
  - ○ 砂糖　100g
  - ○ 水　40g
  - ○ 動物性鮮奶油　120g

- 焦糖蘋果
  - ○ 砂糖　40g
  - ○ 水　15g
  - ○ 蘋果切丁　200g
  - ○ 無鹽奶油　10g
  - ○ 肉桂粉　1/4小匙多（視喜愛斟酌）

**烤箱溫度**

○ 180度C

**準備器具**

- ○ 直徑7cm高的2.5cm塔模　5個
- ○ 23cm調理盆
- ○ 電動攪拌器
- ○ 刮刀
- ○ 刮板
- ○ 擀麵棍
- ○ 網篩
- ○ 刷子
- ○ 厚底平底鍋
- ○ 木匙

## 做法

- **製作奶油糊&篩入麵粉**

1 請見142頁「甜塔製作」，先完成步驟1-4。

2 適時撒上高筋麵粉於桌面，取40g麵團先整成圓形，再用掌心略壓平，最後將麵團擀成約0.4cm厚度的圓片狀塔皮，一共做5個。

**POINT！** 麵團時，趕麵棍要放在麵團的中央，再用手掌將擀麵棍往前推，再放回中央，再用手掌將擀麵棍往後推。每來回一次，就將麵團轉動一下，再持續上述的動作，如此多次之後，就能將麵團擀成圓片狀。

**Betty's Baking Tips**

入塔模時，記得塔皮要確實貼合塔模底部，否則出爐後的塔皮就會如下圖呈現不規則狀，成品就不夠好看囉！

- **入塔模**

3 請見142頁「甜塔製作」，完成步驟 6-10。

- **烘烤**

4 刷上一層份量外的蛋液後，烤箱先預熱至180度C，烘烤 20-25分鐘左右，至塔皮呈現金黃色。

5 出爐後放冷卻架上，稍微降溫即脫模，待冷卻備用。

- **製作焦糖醬**

6 取一厚底平底鍋先放入砂糖，再將水沿著鍋緣一圈慢慢倒入，再開火熬煮，熬煮期間千萬不要攪拌。

**POINT！** 水沿著鍋緣一圈倒入，可讓鍋子四周被水浸潤，砂糖也能均勻地慢慢溶解，讓加熱效果更均勻。

**POINT！** 熬煮期間切記「不可以」攪拌，一攪拌會讓未溶解的砂糖顆粒拌入融化的砂糖中，而形成再度結晶的反砂現象，會讓將焦糖表面形成一層薄砂。但可以稍微晃動幫助融化均勻。

7 煮至融化的砂糖呈現咖啡色即熄火。

8 將鮮奶油以少量、少量、緩緩的倒入，並用木匙慢慢攪拌均勻，此時溫度很高會噴濺，請小心。

**POINT！** 鮮奶油勿一次大量倒入，不但會噴濺危險，且也會讓砂糖結塊。

9 再度開小火，加熱約1分鐘左右即熄火，倒入耐熱容器中待降溫後，即可放冰箱保存。

**POINT！** 配方中的份量是較易操作的份量，多餘的部分可來拿淋冰淇淋、鬆餅、咖啡、蛋糕…等都很好用。

- **製作焦糖蘋果**

10 將蘋果切成約1.5cm的丁狀、將無鹽奶油切小丁並放室溫軟化。

**POINT！** 因為蘋果要連皮吃，建議使用有機蘋果為佳。

11 取一厚底平底鍋，先放入砂糖，再將水沿著鍋緣一圈慢慢倒入，再開火熬煮，熬煮期間千萬不要攪拌（比照步驟6）。

12 煮至融化的砂糖呈現咖啡色即熄火（比照步驟7）。

13 依序將切丁蘋果、奶油倒入並拌勻，讓蘋果都黏裹到焦糖液即可，如此蘋果還依然保有脆度。

14 起鍋前，放入肉桂粉再拌勻，起鍋備用。

- **製作焦糖蘋果**

15 先舀一大匙的焦糖醬倒入塔皮中

16 再舀入適量的焦糖蘋果裝填入塔皮即完成。

6

7
8
13-1
13-2
15
16

# 春意草莓塔

Strawberry Tart

嬌嫩豔紅的草莓，總是能牢牢抓住人們的目光，清新莓果的特有香氣，帶著隱隱地酸香，草莓季時可不要忘了也來妝點個草莓塔吧!!

**食材**

- 塔皮
  - 無鹽奶油　50g
  - 糖粉　20g
  - 鹽　1小撮
  - 常溫雞蛋　20g
  - 低筋麵粉　100g

- 杏仁奶油餡
  - 無鹽奶油　50g
  - 砂糖　50g
  - 蛋　50g
  - 杏仁粉　70g
  - 蘭姆酒　1小匙

- 頂飾
  - 草莓果醬　適量
  - 草莓、藍莓　適量
  - 動物性鮮奶油　50g
  - 砂糖　4g
  - 蘭姆酒　1/8小匙
  - 杏桃果醬　2大匙
  - 熱水　2小匙

**烤箱溫度**

- 180度C

**準備器具**

- 6吋可分離塔模
- 23cm調理盆
- 電動攪拌器
- 刮刀
- 刮板
- 擀麵棍
- 網篩
- 刷子
- 擠花袋
- 花嘴

## 做法

### 製作杏仁奶油餡

1 室溫軟化的無鹽奶油及砂糖先放入調理盆，將糖粉壓拌入無鹽奶油中，再用電動攪拌機攪打至均勻即可。

2 打散雞蛋，先取一半的量，每次約1-2小匙的量加入打發的奶油霜中，每加一次都要仔細攪拌至蛋液吸收，才能再加入下一次，完成時的麵糊會呈現滑順狀。

**POINT !** 蛋液不要一次下太多，要讓奶油糊充分吸收蛋液後才能再加，如此乳化完全的奶油糊才不會油水分離。

3 再倒入一半的杏仁粉並拌勻。

4 最後再重複一次步驟2-3，整體攪拌均勻後再加入蘭姆酒也拌勻，放冰箱冷藏備用。

**POINT !** 先於前一天製作此杏仁奶油餡，此餡料可置於冰箱冷藏保存2-3天。

### 製作生塔皮

5 請見103頁「甜塔製作」步驟1-10，先完成生塔皮。

### 填餡及烘烤

6 將步驟3的杏仁奶油餡取150-160g左右，先倒在塔皮上，再用湯匙略抹平，約裝8分滿模即可。

7 放進預熱至180度C的烤箱烤25分鐘，至塔皮上色，用蛋糕探針（cake tester）或竹籤刺入杏仁奶油餡不沾黏即可出爐。

3

- 填餡及烘烤

8 出爐後放冷卻架上至稍降溫即脫模，並待冷卻備用。

- 頂飾

9 杏仁奶油餡塔皮上塗抹上一層草莓果醬備用。

10 將動物性鮮奶油、砂糖、蘭姆酒放入調理盆中打至7-8分（請見技巧4如何成功的打發鮮奶油），並裝入擠花袋中，於塔皮上隨意擠出線條。

**POINT !** 這裡所用的花嘴是三能SN7022。

11 再將切片的草莓、藍莓擺放兩側。

12 將杏桃果醬與熱水拌勻，並刷在草莓上即完成。

**POINT !** 若馬上要食用，可不刷此果醬，但若非馬上食用，刷上一層果醬，可形成一層保護層防止氧化，也有增加視覺bling bling的效果。

**Betty's Baking Tips**

配方中的杏仁奶油餡是較易操作的份量，剩下的杏仁奶油餡可再做成小塔模。將收集剩下的塔皮，請依照「焦香蜜糖蘋果塔」的方式取40g做成小塔皮後，每個小塔皮再裝填約35-40g的杏仁奶油餡，一樣以180度C烤25分鐘，至塔皮上色、用蛋糕探針（cake tester）或竹籤刺入杏仁奶油餡不沾黏即可出爐，而頂飾可擠上香緹鮮奶油及草莓裝飾。

6-1

6-2

9

# 懶人的綜合莓果派
## Mixed Berry Pie

這簡易派皮，不似傳統千層派皮需要反覆地層層壓擀，只需動用你的手指頭稍搓揉一下，就能享用與甜塔皮完全不同口感，是極富酥脆又具層次感的感受，重點是這款甜點不需動用到模具、也不動用到塔模，是不是很棒呢～

**食材**

● 塔皮
- ○ 低筋麵粉　80g
- ○ 鹽1/4　小匙
- ○ 無鹽奶油　60g
- ○ 冰水　20g

● 內餡
- ○ 綜合莓果　100g
- ○ 砂糖　25g
- ○ 玉米粉　10g

**準備器具**
- ○ 23cm調理盆
- ○ 擀麵棍
- ○ 刷子
- ○ 刮刀

**烤箱溫度**
- ○ 200度C

## 做法

### ● 製作簡易派皮

1 奶油切丁後，先放冰箱冰硬。

2 將派皮的所有材料（除了冰水外）放進調理盆中，以雙手手指搓捏成粉沙狀。

3 再將冰水倒入，用刮刀壓拌成團。

4 再用保鮮膜包覆起來並略壓扁，放冰箱冷藏30分鐘。

5 將麵團擀成厚度0.4cm的圓片狀備用。

**POINT！** 擀麵團時，擀麵棍要放在麵團中央，再用手掌將擀麵棍往前推，再放回中央，再用手掌將擀麵棍往後推。每來回一次，就將麵團轉動一下，再持續上述的動作，如此多次之後，就能將麵團擀成圓片狀。

### ● 製作內餡

6 將內餡材料全部拌勻即可。

### ● 填餡

7 將內餡鋪滿於派皮中央，但四周預留4-5cm不要鋪到內餡，並將預留的派皮向內摺。

### ● 烘烤

8 刷上一層份量外的蛋液於派皮表面，再送進預熱至200度C的烤箱烤20-25分鐘，至派皮上色。

2 3 5-1 5-2 7-1 7-2 9

LESSON3

CHOUX PASTRY

# 泡芙麵團

泡芙與一般甜點製作的技法不太相同，

而是使用「燙麵」的技巧來做，

故另闢一章節介紹這類需細心呵護、

容易失敗的甜點。

*Choux pastry*

SILPAT
made in France

F

# 燙麵：泡芙類

泡芙是經由糊化麵糊以飽含水分，
高溫烘烤後，水蒸氣的力量會使麵糊鼓脹，
故形成泡芙內部呈現出大孔洞，
而可以填入絲滑的奶餡。

## 學會製作泡芙後的烘焙練習

RECIPE1
抹茶珍珠糖泡芙

RECIPE2
咖啡環形泡芙

RECIPE3
巧克力沙布蕾泡芙

## 先懂基礎！泡芙製作訣竅

1 選用牛奶製作麵糊，泡芙的上色會更漂亮。

2 糊化麵糊時，一定要沸騰冒大泡的溫度才足夠。

3 拌好後的麵糊需為「緩慢地流下並呈現平滑無鋸齒狀的倒三角形」，而且尾部是拖長約4-5cm之狀態。

4 烘烤時，切勿開關烤箱門，會使泡芙消風。

5 泡芙需烤至整個裂紋都上色，才可出爐。

Choux pastry

技巧 9
# 如何製作出蓬蓬又裂紋漂亮的泡芙？

圓鼓鼓的身型，頂端有著如高麗菜爆發的裂紋，內餡滿是滑順輕柔的奶醬，
這就是泡芙。泡芙看似是可人的小甜點，其實是對溫度極度敏感的小惡魔，
製作過程中的諸多環節請務必要謹慎掌握，才能烤出「漲的鼓鼓、有爆發裂紋」的成功泡芙。
剛出爐泡芙那鬆脆的口感，以及迷死人的香氣，唯有自家烘焙才能有福氣品嚐到啊。

**選用牛奶會上色更漂亮**

泡芙內部的空洞，是麵糊中的水分經由高溫而急速形成水蒸氣，使得體積增加造成的，所以泡芙中的水分比很高；可使用一般的水或牛奶皆可，當然牛奶香氣度會較佳，上色也較漂亮。

**用厚底平底鍋來做糊化動作**

製作泡芙時，需經由燙麵糊的動作，讓澱粉充分吸收水分，進而形成黏稠的「糊化」。糊化成功的麵糊會有良好的延展性，也才能膨脹得大大的，也才有漂亮的爆發裂紋。所以，為了讓糊化能穩定的進行，建議採用厚底平底鍋來操作，溫控會較穩定。

**烘烤時，開啟烤箱會使泡芙消風**

最後一件最重要的事，請確實遵守！就是烘烤期間絕對、絕對、絕對不要開烤箱（我知道，很多朋友都有偷瞇的習慣～）。因為烘烤時，若是一直開開關關家用烤箱的門，溫度就會急劇下降，這可是會讓好不容易在烤箱裡慢慢努力長大的泡芙，因為冷空氣一灌入就消風了。

**食材比例決定口感**

泡芙傳統的比例為雞蛋：水分：油脂：麵粉=2：2：1：1，而使用雞蛋多一點的，泡芙則會膨脹較大、皮較薄。若麵粉高於油脂，則皮會較紮實；使用低筋麵粉則皮膨脹度大且薄；用高筋麵粉則膨脹度低且厚，可視個人喜愛的口感來變化麵粉種類。

原味基本款！

# 先懂基礎！泡芙製作&失誤解析

食材

- 牛奶　100g
- 細砂糖　2小匙
- 鹽　1小撮
- 無鹽奶油　40g
- 低筋麵粉　60g
- 常溫雞蛋　2-3顆

準備器具

- 厚底平底鍋
- 刮刀
- 擠花袋
- 圓孔花嘴（直徑1cm）
- 噴水器

烤箱溫度

- 200度C

## 做法

1　先拿一張烘焙紙，畫出8個直徑6cm的圓，再覆蓋一張新的烘焙紙在上面，如此下面畫圓的那張就不會弄髒，可以重複使用。

**POINT !**　圓形與圓形間，需保留間距，因為一加熱後，烘烤麵糊可是會膨脹的。

**POINT !**　將畫圓的烘焙紙直接翻面使用也行。

2　將低筋麵粉過篩，備用。

### ● 糊化麵糊

3　將鮮奶、細砂糖、鹽、室溫軟化的無鹽奶油切小丁，一起放進厚底平底鍋中，開大火，加熱至大沸騰。

**POINT !**　一定要沸騰冒大泡，如此的溫度才足夠以糊化麵糊。

1

3

4 熄火，立即將過篩的低筋麵粉倒入且快速攪拌均勻，再開小火持續攪拌，需拌至「麵團可以成團」、「呈現透明感」、「鍋底有薄膜」三要件，如此才是糊化完成，並請熄火。

## 加蛋液

5 待步驟4的糊化麵糊溫度降至約60-65度C，則可以開始來加蛋液。

**POINT !** 麵糊溫度過高時，不適合加蛋液，會讓雞蛋煮熟了。

6 先打散1顆蛋液，並請分3次加入麵糊中，且每次約加入1/3量的蛋液，並快速拌勻。剛開始麵糊會分離，很難吃進蛋液，但是沒關係，繼續攪拌即可。

7 待麵糊都吃進了蛋液，再加1/3量蛋液，再拌勻如此重複，但是最後一次的蛋液請斟酌勿全下完，適時的舀起麵糊，若麵糊「緩慢地流下」、「呈現平滑無鋸齒狀的倒三角形，而且尾部拖長約4-5cm」則可停止加蛋液。

8 倘若蛋液已經全部加完，但是舀起的麵糊並未呈現如上述所說的狀態，則請再打散一顆雞蛋，斟酌且少量加蛋液直至呈現上述狀態為止。

**POINT !** 雞蛋添加量是變動的，步驟3加熱過程中水分蒸發的情況，以及步驟4糊化的狀態，皆會影響蛋液的添加量。

## 填入擠花袋

9 將泡芙麵糊填入裝進圓孔花嘴的擠花袋中，沿著步驟1的圓形擠出麵糊，共可擠出約8個。

**POINT !** 若有剩下的一些麵糊，可擠些小泡芙一起進烤箱烘烤，不要浪費喔。

## 烘烤

10 最後噴水，送進預熱至200度C的烤箱，以200度C烤15分鐘後，再降轉180度C繼續烤10分鐘，最後熄火燜10分鐘後，直至裂紋都上色即可出爐。

**POINT !** 噴水目的是為了讓泡芙表皮不要太早結皮，可以膨脹的更大。

**Betty's Baking Tips**

以上配方若再添加抹茶粉3g則是抹茶風味泡芙；若添加無糖可可粉5-6g，就是巧克力風味泡芙。

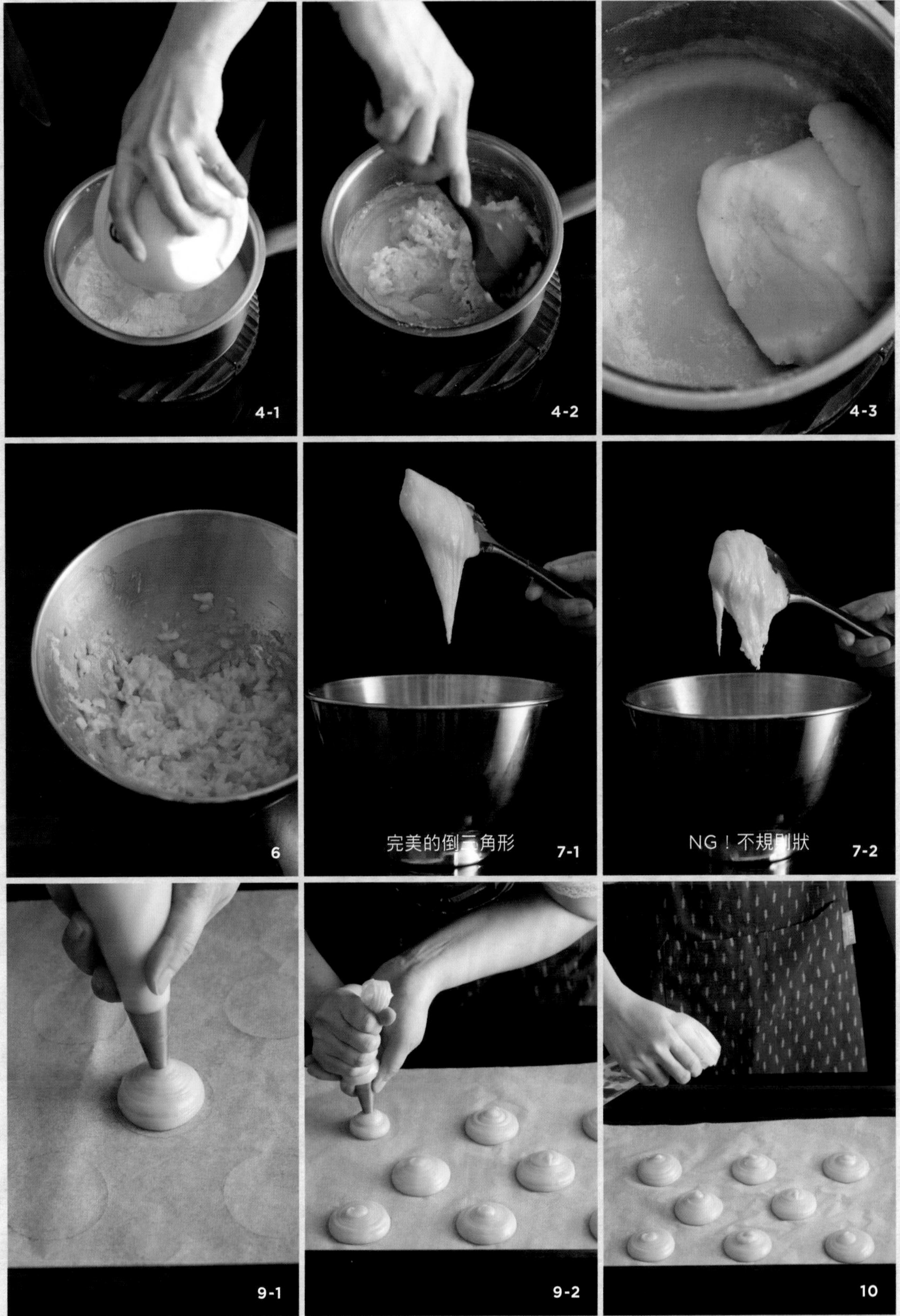
4-1
4-2
4-3
6
完美的倒三角形
7-1
NG！不規則狀
7-2
9-1
9-2
10

## 怎樣才是成功的泡芙呢？

我們先來解釋成功的泡芙外觀需呈現出如何的樣貌，

接下來再一一剖析什麼樣的外觀和原因，

進而造成泡芙外觀的不理想。

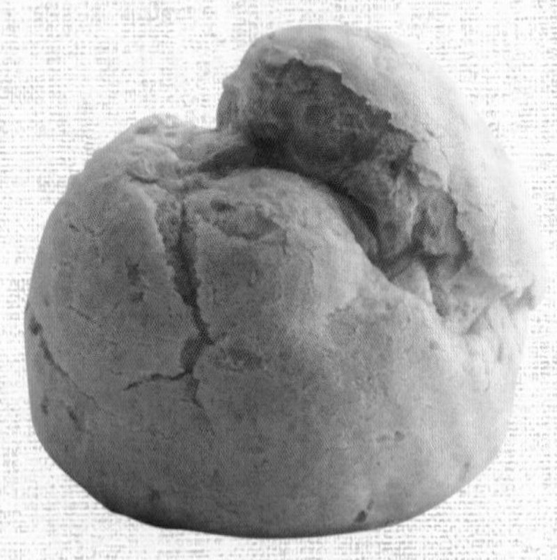

- 頂端有著如高麗菜爆發的裂紋。
- 整體烤色均勻以及裂紋都上色。
- 泡芙裡面有大孔洞。

如此才是外型漂亮、烤色均勻，

又能輕易填入餡料的完美泡芙。

泡芙常見失敗點1

## 我的泡芙爲何是塌扁的，矮不隆咚的？

CHECK

如果泡芙出爐後，沒有蓬蓬外型、也沒有漂亮的裂紋，甚至塌掉的話，請檢視一下是否：

**1　麵粉糊化不夠，或是糊化太久**

麵粉糊化至呈現透明感，聚集成團且鍋底有薄膜才是完成。糊化不足的話，麵粉無法飽含水分且延展性也不夠;相反的，糊化過久，水分也蒸發太多，甚至麵糊中的油脂也會滲出，且麵團會分散不再聚集成團。

**2　蛋液加太多**

蛋加太多，會使麵糊變得稀軟，因此烘烤後的麵糊就往橫向發展，不會向上膨起。正確的麵糊稠度為「舀起麵糊會緩慢流下、呈現滑順的倒三角形狀」，若一舀起麵糊便咻一下滴落，那就是太稀了，這時建議你重做一份吧。

NG!　糊化過久

NG!　麵糊太稀

**3　最後完成拌合的泡芙麵糊必須是溫熱的**

手觸摸鍋底是溫溫的，那就對了！因為麵糊溫度若是過低，便會使麵糊黏性增加而影響蛋液添加量的判斷，所以蛋液拌合的時間勿拖太久。

**4　烤箱溫度過低**

麵團中的水分，無法藉由高溫而形成水蒸氣往上衝，所以麵團就會長不高。

**5　烘烤途中開烤箱**

烘烤時，若是一直開開關關烤箱門，會讓溫度下降，使得遇熱形成的水蒸氣停止變化，就有可能造成泡芙的塌扁長不高。

## 成功＆失敗例

**正常**

裂紋上色、烤色均勻，有著如高麗菜爆發的裂紋。

**裂紋沒上色**

不僅裂紋沒上色，出爐後容易扁塌消風。

**蛋液太多**

泡芙長不高，反而形狀外擴了。

泡芙常見失敗點2

## Q 泡芙怎麼一出爐就消風了？

**泡芙尚未烤熟**

必須烤至泡芙的裂紋都上色了，並且呈現金黃色澤，這樣泡芙才算完全定型，如此就不會因溫度的變化而消風，也只有這時才能開烤箱掉頭烤盤，讓不均的烤色均勻。

泡芙常見的保存問題1

## 麵糊若沒辦法一次擠完進烤箱怎麼辦？

剩下的麵糊若馬上就會使用，也就是下一盤即進烤箱烘烤，則請覆蓋一張濕布防止乾燥，並且加以保溫，如放進保麗龍箱中。

若沒有馬上要進烤箱，可先擠在烤盤上再進冷凍室，等定型後，用密封袋或是保鮮盒冷凍保存。要食用時，直接進烤箱烘烤，只是時間需再拉長個5-10分鐘。

# 抹茶珍珠糖泡芙
Matcha Chouquette

將泡芙做成一口小巧狀，頂部撒滿酥脆的甜甜珍珠糖粒，一出爐不用夾餡，單吃就極度美味，相信我，你會一口接一口，沒幾下，整罐就見底朝天囉～

**食材**

- 牛奶　50g
- 細砂糖　1小匙
- 鹽　1小撮
- 無鹽奶油　20g
- 低筋麵粉　30g
- 抹茶粉　1.5g
- 常溫雞蛋　1-2顆
- 珍珠糖　適量

**準備器具**

- 厚底平底鍋
- 刮刀
- 擠花袋
- 星型花嘴
- 噴水器

**份量**

- 約25-28個

**烤箱溫度**

- 180度C

## 做法

1　將低筋麵粉、抹茶粉過篩備用。

### ● 糊化麵糊＆加蛋液

2　請見169頁「泡芙製作」先完成步驟3-8，並於步驟4時，將低筋麵粉、抹茶粉一起篩入拌勻。

### ● 填入擠花袋

3　將泡芙麵糊填入裝著星型擠花嘴的擠花袋中，擠出約 3cm 大小的麵糊，需保留間距，因為麵糊一加熱烘烤可是會膨脹的。

### ● 烘烤

4　最後噴水並撒上珍珠糖，送進預熱180度C烤箱烤15分鐘，再降轉170度C烤10分鐘，直至裂紋都上色始可出爐。

**POINT !**　噴水目的是為了讓泡芙表皮不要太早結皮，如此可以膨脹的更大。

3-1

3-2

4

# 咖啡環形泡芙

## Coffee Choux Pastry

這環形泡芙是為紀念巴黎和布列斯特間的自行車大賽而創造出來的泡芙，你瞧，這圓型的樣子，是不是很像自行車的輪子呢，知道甜點的典故及由來，是不是也讓吃進嘴裡的食物更有感覺呢？

**食材**

- 咖啡泡芙
  - 鮮奶　100g
  - 無鹽奶油　40g
  - 細砂糖　2小匙
  - 鹽　1小撮
  - 低筋麵粉　60g
  - 即溶咖啡粉　6g
  - 常溫雞蛋　2-3顆
  - 杏仁片　少許

**份量**

- 約6個

- 咖啡卡士達奶油
  - 蛋黃　2顆
  - 細砂糖　40g
  - 低筋麵粉　20g
  - 鮮奶　240g
  - 即溶咖啡粉　6g

- 咖啡酒鮮奶油
  - 動物性鮮奶油　120g
  - 細砂糖　12g
  - 卡魯哇咖啡酒　1/2小匙

**準備器具**

- 厚底平底鍋
- 刮刀
- 擠花袋
- 星型花嘴2個及圓孔花嘴1個（直徑1cm）
- 噴水器
- 打蛋器
- 19&23cm調理盆各一
- 電子溫度計

**烤箱溫度**

- 200度C

## 做法

1 先拿一張烘焙紙，畫出6個直徑8cm的圓，再覆蓋一張新的烘焙紙在上面，如此下面畫圓的那張就不弄髒，可以重複使用。

**POINT！** 圓形與圓形之間需保留間距，麵糊一加熱烘烤可是會膨脹的。

**POINT！** 將畫圓的烘焙紙直接翻面也行。

2 將低筋麵粉過篩備用。

1

- **糊化麵糊＆加蛋液**

3 請見169頁「泡芙製作」完成步驟3-8，並於步驟3時，將即溶咖啡粉也一起倒入煮沸。

- **填入擠花袋**

4 將泡芙麵糊填入裝進圓孔花嘴的擠花袋中，沿著步驟1的圓形擠出麵糊，共可擠出約6個。

**POINT！** 若有剩下的一些麵糊，可擠些小泡芙一起進烤箱烘烤，不要浪費喔。

4

- 烘烤

5 最後隨意撒上杏仁片再噴水，就送進預熱至200度C的烤箱，先烤15分鐘後，再降轉180度C繼續烤10分鐘，直至裂紋都上色始可出爐。

- 製作咖啡卡士達奶油

6 取一個19cm調理盆，依序將蛋、一半的細砂糖、過篩的低筋麵粉拌勻。

7 再取一個厚底平底鍋，倒入鮮奶、即溶咖啡粉以及一半的細砂糖，煮至鍋緣小冒泡即熄火。並先少量分次倒入步驟6中，待整體滑順後再全部倒入拌勻。

**POINT !** 鮮奶一加熱，鍋緣便會產生一層結皮，造成耗損以及影響口感，若加點砂糖則可避免此情形發生。

8 將濾網架在厚底平底鍋上，將步驟7過濾。

9 過濾後，開中大火加熱，加熱期間持續攪拌，並注意鍋底邊緣一定要攪拌到，當水分煮到越來越少時，會容易結塊以及燒焦。需煮至濃稠且鍋子中央開始冒大泡即離火，並貼覆一張保鮮膜於咖啡卡士達奶油上，最後隔水降溫至冷卻。

**POINT !** 需煮至鍋中央冒大泡，若用溫度計測量的話，此時溫度約在80-85度C之間。

**POINT !** 隔水降溫採漸進式降溫，私心建議先泡常溫水一會，再泡冰水，可防止冷熱溫差過大造成鍋子的損傷。

**POINT !** 保鮮膜需「貼覆在卡士達奶油」上，而非覆蓋在鍋緣，可防止卡士達奶油結皮。

- 製作咖啡酒鮮奶油

10 將咖啡酒鮮奶油材料通通放進調理盆中打至7~8分發（請見技巧4如何成功打發鮮奶油）。再填進裝有星型花嘴的擠花袋中。

- 組合

11 將咖啡卡士達奶油裝填入裝有星型擠花嘴的擠花袋中。

12 將泡芙橫切一半，先取底皮，於底皮的中間空洞處先擠上一圈咖啡卡士達奶油。

**POINT !** 請盡量將泡芙的空洞填滿為止。

13 再將咖啡酒鮮奶油擠上。

14 最後覆蓋上泡芙的頂皮。

**Betty's Baking Tips**

若喜歡更絲滑口感的卡士達奶油，可將配方中的麵粉一半替換成玉米粉。

7-1
7-2
7-3
8
9-1
9-2
12-1
12-2
12-3
13-1
13-2
14

# 巧克力沙布蕾泡芙
## Chocolate Cookie Topped Choux Pastry

灌滿絲綢綿柔的香草卡士達鮮奶油的泡芙已經夠迷死人了，上頭居然還要再覆蓋一層巧克力風味的酥脆爽口沙布蕾餅皮，這樣會不會太過分了呢??

食材

- 泡芙
- 鮮奶　100g
- 無鹽奶油　40g
- 細砂糖　2小匙
- 鹽　1小撮
- 低筋麵粉　60g
- 常溫雞蛋　2-3顆

- 香草卡士達鮮奶油
- 蛋黃　4顆
- 細砂糖　80g
- 低筋麵粉　40g
- 鮮奶　480g
- 天然香草精　1/2小匙
- 動物性鮮奶油　200g

- 巧克力沙布蕾
- 無鹽奶油　30g
- 細砂糖　30g
- 低筋麵粉　25g
- 無糖可可粉　5g

份量

- 約8個

準備器具

- 厚底平底鍋
- 刮刀
- 擠花袋
- 圓孔花嘴（直徑1cm）
- 打蛋器
- 19&23cm調理盆各一
- 電動攪拌機
- 噴水器
- 電子溫度計

烤箱溫度

- 200度C

## 做法

### 製作巧克力沙布蕾

1 將室溫軟化的無鹽奶油與及細砂糖放入調理盆中，將糖壓拌入無鹽奶油中，再用電動攪拌機攪打至均勻即可。

2 篩入低筋麵粉、可可粉，並用刮刀拌勻，像拿取菜刀般的直立狀，持續一左一右的切拌，另一手則適時地轉調理盆，直至奶油糊與麵粉混合且略成團，最後再壓拌幾下即可。

3 最後將麵團塑成直徑約5cm的圓柱狀，用保鮮膜包覆起來放進冰箱冷凍至少30分鐘備用。

### 製作泡芙

4 請見169頁「泡芙製作」完成步驟1-9。

### 覆蓋沙布蕾

5 自冷凍庫取出巧克力沙布蕾，切成厚度約0.1-0.2cm的薄片，並輕覆在步驟4的泡芙上，最後再噴些水於泡芙上。

**POINT !** 沙布蕾切薄薄就好，太厚的話，充滿空氣感的泡芙可是無法撐起這片天的。

**POINT !** 配方中的沙布蕾是較易操作的份量，而此次8個泡芙約使用到一半的沙布蕾，剩下的可用保鮮袋密封放冷凍保存，下次還可再使用。

### 烘烤

6 最後送進預熱至200度C的烤箱，先烤15分鐘後，再降轉180度C繼續烤10分鐘，最後熄火燜10分鐘後，直至裂紋都上色即可出爐。

## ● 製作香草卡士達鮮奶油

7 取一個19cm調理盆，依序將蛋、一半的細砂糖、過篩的低筋麵粉拌勻。

8 再取一個厚底平底鍋，倒入鮮奶及一半的細砂糖，並煮至鍋緣小冒泡即熄火。並先少量少量的倒入步驟7中，待整體滑順後再全部倒入並攪拌均勻。

**POINT!** 鮮奶一加熱，鍋緣便會產生一層結皮，造成耗損以及影響口感，若加點砂糖則可避免此情形發生。

9 將濾網架在厚底平底鍋上，將步驟8過濾。

10 過濾後開中大火加熱，加熱期間持續攪拌，並注意鍋底邊緣一定要攪拌到，當水分煮到越來越少時，會容易結塊以及燒焦。需煮至濃稠且鍋子中央開始冒大泡即離火，並貼覆一張保鮮膜於卡士達奶油上，最後隔水降溫至冷卻備用。

**POINT!** 需煮至鍋中央冒大泡，若用溫度計測量此時的溫度約在80~85度C之間。

**POINT!** 隔水降溫採漸進式降溫，私心建議先泡常溫水一會兒，再泡冰水，可防止冷熱溫差過大造成鍋子的損傷。

**POINT!** 保鮮膜需貼覆在卡士達奶油上，而非覆蓋在鍋緣，可防止卡士達奶油結皮。

11 將鮮奶油打至7-8分發（請見技巧4如何成功打發鮮奶油）。

12 將卡士達奶油、天然香草精、以及步驟11的打發鮮奶油攪拌均勻後，填入裝有圓孔花嘴的擠花袋中。

## ● 組合

13 將泡芙橫切一半但不割斷，於中間空洞處擠上滿滿的香草卡士達鮮奶油。

**POINT!** 橫切泡芙時，若中間孔洞處有薄皮，請向下按壓形成大孔洞，如此才能輕易將卡士達鮮奶油灌入。

**Betty's Baking Tips**

卡士達奶油詳細圖文對照請見180頁「咖啡環形泡芙製作」。

2-1 2-2 2-3

3 5-1 5-2

8 13-1 13-2

LESSON4

CLASSIC HOME DESSERTS

# 經典家常甜點失誤解析

經典的家常甜點是人氣不敗款，更是烘焙食譜書中出現率極高的品項。

但往往最經典卻不見得容易做成功，

到底製作時會有哪些小地方出錯呢？精選11個美味品項解析，

還要多教你一款喇喇就好、能快速上桌的蛋糕喔！

*Classic Home Desserts*

# 櫻桃克拉芙堤
## Clafoutis

據說克拉芙堤原本的做法，是將整顆櫻桃連同籽一起烘烤的。而現今人對食物的要求度較精緻，因此連櫻桃籽都幫忙食用者去掉了。克拉芙堤是款家常甜點，所以每個家庭都有喜愛的口味版本，風味口感各有特色，甚至將櫻桃換成覆盆子、蘋果、藍莓、洋梨、奇異果、莓果或是新鮮櫻桃…等，只要是微酸水果都很適合。

**食材**

- 低筋麵粉　30g
- 砂糖　30g
- 鹽　1小撮
- 蛋　75g
- 鮮奶　150g
- 天然香草精　1/4小匙
- 市售酒漬櫻桃　適量

**準備器具**

- 400ml的烤皿（深度4cm）
- 19cm調理盆
- 打蛋器

**烤箱溫度**

- 180度C

## 做法

### ● 製作麵糊

1 將低筋麵粉過篩，與砂糖、鹽拌勻，再依序將蛋、鮮奶、香草精倒入逐一拌勻，並靜置半小時。

**POINT !** 靜置的目的是為了讓食材味道融合。

### ● 烘烤

2 將烤皿內部塗上一層份量外的無鹽奶油。

3 倒入麵糊約9分滿，再將櫻桃擺入烤皿中，即送進預熱至180度C的烤箱烤 30-35 分鐘，烤至上色且觸摸表面有彈性即可。

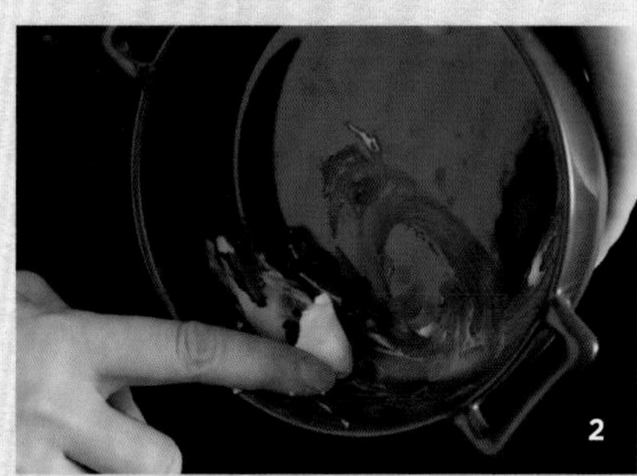
2

3-1

3-2

**Betty's Baking Tips**

建議待稍降溫，表面撒些糖粉，溫溫熱熱的吃最好吃。

# 高帽子荷蘭鬆餅
## Dutch Baby

Dutch Baby 可是跟荷蘭一點關係都沒有，其實其發源地是來自德國，是道德國傳統家庭鬆餅。在烤箱中因高溫烘烤膨脹得有如一頂高高的紳士帽狀似可愛，而出烤箱溫度一降，原本高聳漂亮的帽型就會稍微垮下喔。

**食材**

● 乾粉
- ○ 中筋麵粉　40g
- ○ 鹽　1小撮

● 液體
- ○ 天然香草精　1/4小匙
- ○ 雞蛋　1顆
- ○ 鮮奶　60g
- ○ 蜂蜜　20g

● 其他
- ○ 無鹽奶油　約1大匙
- ○ 檸檬汁
- ○ 檸檬切片
- ○ 防潮糖粉皆　適量

**準備器具**

- ○ 15cm鑄鐵鍋
- ○ 打蛋器
- ○ 19cm調理盆及1 CUP量杯（或是19cm調理盆2個）

**烤箱溫度**

- ○ 200度C

## 做法

### ● 製作麵糊

1 先將乾粉類以及液體類材料分別拌勻，最後再將液體類材料倒入乾粉類一同攪拌均勻。

2 用保鮮膜密封放進冰箱冷藏至少30分鐘。

**POINT !** 亦可前一晚拌好麵糊，放置冰箱冷藏一晚。

### ● 預熱

3 預熱烤箱的同時，將鑄鐵鍋也一同放入。

### ● 烘烤

4 當預熱完成時，取出鑄鐵鍋，置入無鹽奶油，晃動鑄鐵鍋讓鐵鍋內部四周圍均勻的沾裹上奶油。

**POINT !** 鍋子可是很燙的，請戴上隔熱手套小心操作。

5 將步驟2麵糊倒入鑄鐵鍋後，隨即放入預熱200度C烤箱，烤約12-15分鐘至麵糊膨脹且周圍上色即可。

### ● 裝飾

6 出爐時淋點檸檬汁，撒些防潮糖粉即可食用。

**POINT !** 亦可放上喜愛的水果，如藍莓、覆盆子、奇異果、香蕉…都可。

**POINT !** 若無鑄鐵鍋，用一般烤皿取代也是可以的。

4

6

# 黑糖泡泡歐芙

Brown Sugar Popover

Popover其實是一種快速麵包，不需使用酵母或是泡打粉，高溫烘烤後形成爆發的膨脹，口感介於泡芙與軟麵包間，在美國家庭中頗受歡迎。Popover可直接單吃，但中間因高溫膨脹形成空洞，也可將喜愛的餡料，不論甜餡或是鹹料，填入空洞中一起食用也十分方便。

食材

- 粉類
- 低筋麵粉　75g
- 鹽　1小撮
- 黑糖　1.5大匙

- 液體
- 常溫雞蛋　1.5顆
- 鮮奶　180g
- 植物油　2小匙

準備器具

- 6連馬芬模
- 打蛋器
- 19cm調理盆（2個）
- 厚底平底鍋
- 脱模刀

烤箱溫度

- 180度C

## 做法

### 製作麵糊

1 先將鮮奶倒入平底鍋中加熱，至手指觸摸微溫即可；低筋麵粉先過篩。

2 將乾粉類、以及液體類材料分別拌勻，最後再將液體類材料慢慢倒入乾粉類一同攪拌均勻。

### 靜置

3 用保鮮膜密封起來，讓麵糊靜置10-15分鐘。

**POINT！** 有靜置的話，麵糊會較容易膨脹。

### 預熱

4 預熱烤箱的同時，將馬芬模先噴上或是刷上一層份量外的植物油，也一同放入烤箱。

**POINT！** 務必要噴上或刷上一層油，等會才會好脱模取出。

### 入模＆烘烤

5 取出馬芬模，將步驟3的麵糊倒入馬芬模中約6-7分滿模，隨即放入預熱180度C烤箱烤約40分鐘。

**POINT！** 烘烤過程中若開烤箱，會使烤箱溫度下降導致popover萎縮，無法膨脹。

6 出爐時，待稍微降溫即可脱模取出，若卡住不好取，可拿隻脱模刀沿著烤模劃一圈即可取出。

**Betty's Baking Tips**

常溫約可保存2天，若密封冷凍約可保存2個月左右。食用時，先解凍回溫再噴點水，放入180度C的烤箱中烤2-3分鐘即可。

# 都是椰子的瑪德蓮

## Coconut Madeleine

瑪德蓮的名稱據說是取自於當初創作它的女孩的名字。渾圓的貝殼形狀，拿在手心總是讓人愛不釋手。瑪德蓮其實也是磅蛋糕的一種，Betty 試著用近幾年頗夯的健康食材椰子油來烤焙瑪德蓮，香甜的椰子氣味瀰漫在濕潤的蛋糕體中，喜愛椰子風味的朋友不妨試試～

**食材**

- ○ 雞蛋　1.5顆
- ○ 細砂糖　60g
- ○ 鮮奶　4大匙
- ○ 低筋麵粉　75g
- ○ 無鋁泡打粉　3/4小匙
- ○ 椰子粉　23g
- ○ 椰子油　75g

**準備器具**

- ○ 迷你瑪德蓮模（約4.5cm寬）
- ○ 23cm調理盆
- ○ 打蛋器
- ○ 擠花袋

**烤箱溫度**

- ○ 180度C

## 做法

1 如果你的瑪德蓮模不是防黏的，請先幫貝殼模抹上份量外的奶油，再輕撒一層高筋麵粉後，再抖掉多餘的麵粉，即可形成防黏。

### ● 製作麵糊

2 將雞蛋、砂糖攪拌至砂糖融化。

POINT！ 拌至鍋底感覺不到砂糖的顆粒感即可。

3 依序加入鮮奶、過篩的低筋麵粉及泡打粉、椰子粉並逐一拌勻，最後再加入椰子油攪拌至絲滑狀後，放置冰箱冷藏一晚。

POINT！ 若趕時間的話，最少靜置1個小時，但靜置一晚讓所有材料融合會更理想，不但風味變佳且蛋糕質地也會更細緻。

POINT！ 冬天的椰子油因室溫低會凝結成固狀，可先隔水加熱至成液態再來使用。

### ● 烘烤

4 從冰箱取出麵糊，先放室溫回溫20-30分鐘再使用。

5 將麵糊裝入擠花袋，剪一小洞，擠入瑪德蓮模中約9分滿，再送進預熱至180度C的烤箱烘烤10-12分鐘左右，至中央突起、以竹籤刺入無沾黏即可出爐。

6 剛出爐的瑪德蓮，連同烤模放在冷卻架上靜置2-3分鐘後，再脫模在冷卻架上待涼。

POINT！ 剛出爐的瑪德蓮質地偏軟，若馬上脫模在冷卻架上，會讓冷卻架的條痕壓印在瑪德蓮上，這可是會壞了可愛的貝殼外型，所以先靜置2-3分鐘讓瑪德蓮稍降溫後再脫模則可避免。

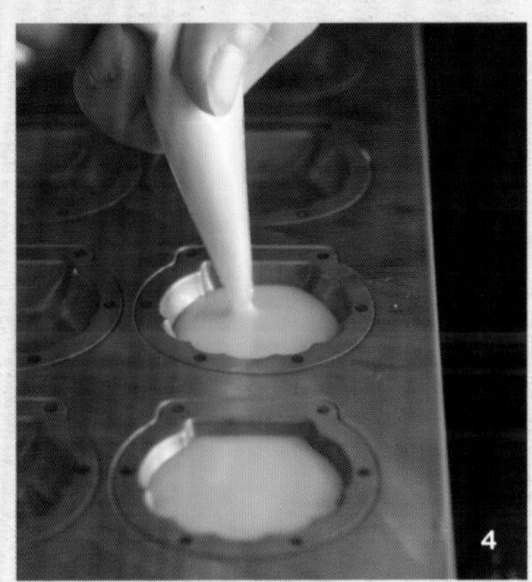
4

# 閃閃橙皮費南雪
## Financier

看費南雪的原文Financier(意指金融家)，大概就可猜出這甜點的出身非富即貴～之所以會有這樣的命名，據說是外形酷似金磚；又有一說是，這道甜點是在巴黎證券交易所附近傳開來，甜點師父為了方便證券交易員可以搶時間一手取食而做了這造型。

這費南雪剛出爐時外部酥脆、而內部有著杏仁粉香氣以及濕軟口感；若隔天食用的口感會更濕潤，是頗受人喜愛的甜點，當然，還有他貴氣的身形

**食材**

- 蛋白　50g
- 糖粉　45g
- 低筋麵粉　23g
- 杏仁粉　23g
- 無鹽奶油　45g
- 市售糖漬橙皮絲　10g

**準備器具**

- 迷你費南雪模（約4.5*2.5*1cm）
- 23cm調理盆
- 打蛋器
- 耐熱玻璃杯（融化奶油用）
- 擠花袋

**烤箱溫度**

- 180度C

## 做法

1 若你的費南雪模不是防沾黏的，請先幫烤模抹上份量外的奶油，再輕撒一層高筋麵粉後，再抖掉多餘的麵粉，即可形成防沾黏。

### ● 製作麵糊

2 先隔水加熱無鹽奶油至融化，市售糖漬橙皮絲剪小段，備用。

3 蛋白與糖粉用打蛋器持續攪拌至「整個蛋白上方呈現細緻的小氣泡」，並且「小氣泡整個覆蓋著底下的蛋白」。

**POINT!** 蛋白切勿過度打發，不然烘烤時容易產生裂痕。

4 依序加入過篩的低筋麵粉、杏仁粉並逐一用打蛋器混拌。

5 最後再緩緩加入融化的無鹽奶油及橙皮，攪拌至絲滑狀即可。

### ● 烘烤

6 將麵糊裝入擠花袋，剪一小洞，擠入費南雪模中約9分滿模，送進預熱至180度C烤箱烘烤約10分鐘左右，至中央突起、均勻上色、以竹籤刺入不沾黏即可出爐。

7 出爐即脫模在冷卻架上待涼。

2

3

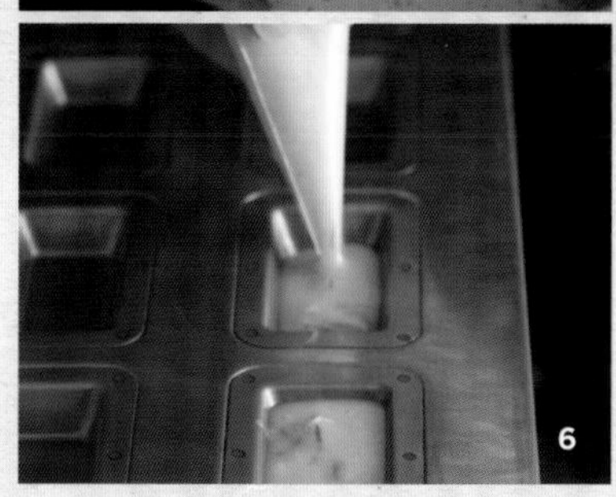
6

**Betty's Baking Tips**

傳統費南雪的做法是得將無鹽奶油煮至焦化，再過濾取出，但Betty考量到健康的緣故，故此配方僅將奶油煮至融化。

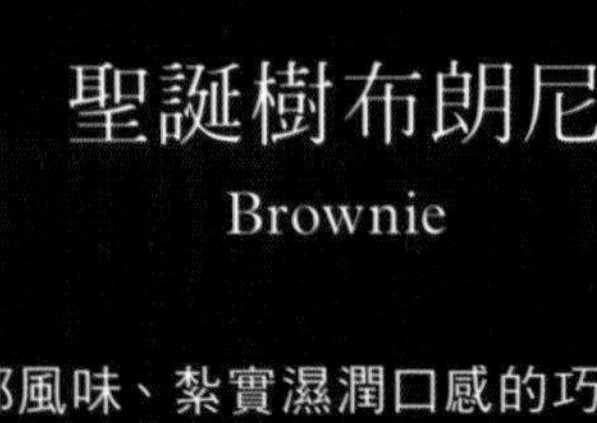

# 聖誕樹布朗尼
Brownie

濃郁風味、紮實濕潤口感的巧克力布朗尼，花點心思巧裝點綴一番，應景的糕點送人或是自賞皆宜啊。

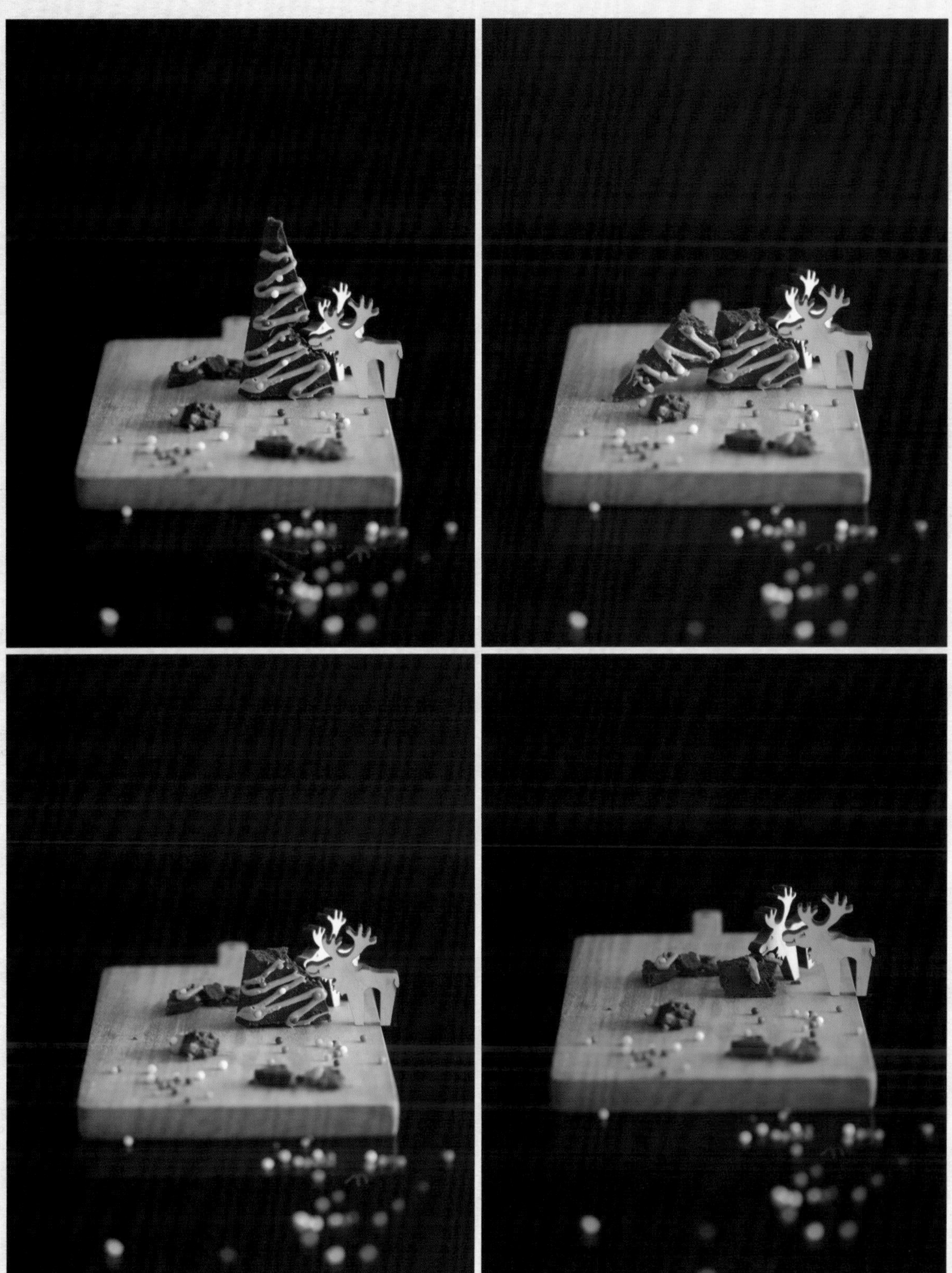

**食材**

- ● 布朗尼
- ○ 苦甜巧克力(71%) 150g
- ○ 動物性鮮奶油 70g
- ○ 無鹽奶油 50g
- ○ 即溶咖啡粉 1/2-3/4小匙
- ○ 常溫雞蛋 3顆
- ○ 細砂糖 100g
- ○ 低筋麵粉 90g
- ○ 鹽 1小撮

- ● 抹茶巧克力
- ○ 白巧克力 30g
- ○ 抹茶粉 1小匙
- ○ 裝飾糖珠 適量

**烤箱溫度**

- ○ 170度C

**準備器具**

- ○ 20*20cm烤盤
- ○ 23&19cm調理盆(外加一個隔水加熱鍋)
- ○ 打蛋器
- ○ 三明治袋
- ○ 耐熱玻璃杯(融化白巧克力用)

## 做法

1 先鋪上烘焙紙烤模於烤模內。

### ● 拌麵糊

2 將苦甜巧克力、動物性鮮奶油、無鹽奶油、即溶咖啡粉隔水加熱至融化，並攪拌至滑順。

**POINT!** 溫度太高時，鍋子適時離開隔水加熱盆一下。

3 將雞蛋、砂糖攪拌至砂糖融化。

**POINT!** 拌至鍋底感覺不到砂糖的顆粒感即可。

4 再將步驟2的巧克力糊中倒入步驟3中並攪拌均勻。

5 最後將低筋麵粉、鹽篩入步驟4並輕柔地拌至看不見粉類即可，再倒入烤模中且抹平。

**POINT!** 切勿過度攪拌以免出筋影響口感。

### ● 烘烤

6 送進預熱170度烤箱烘烤13-15分鐘，至竹籤刺入後有微微的沾黏都無妨。

**POINT!** 烤過久的話蛋糕體會偏乾。

7 出爐後即脫模，並放在冷卻架上先撕開四邊的烘焙紙，並靜待降溫。

### ● 裝飾

8 將依白線來切割布朗尼，呈現三角形狀，共可切成14片。

### ● 抹茶巧克力

9 將白巧克力隔水加熱至融化後，拌入抹茶粉，即完成抹茶巧克力，再裝入三明治袋中。

10 三明治袋前端剪一小口，於布朗尼上畫線條，並點綴上裝飾糖珠，最後靜待抹茶巧克力凝固即可

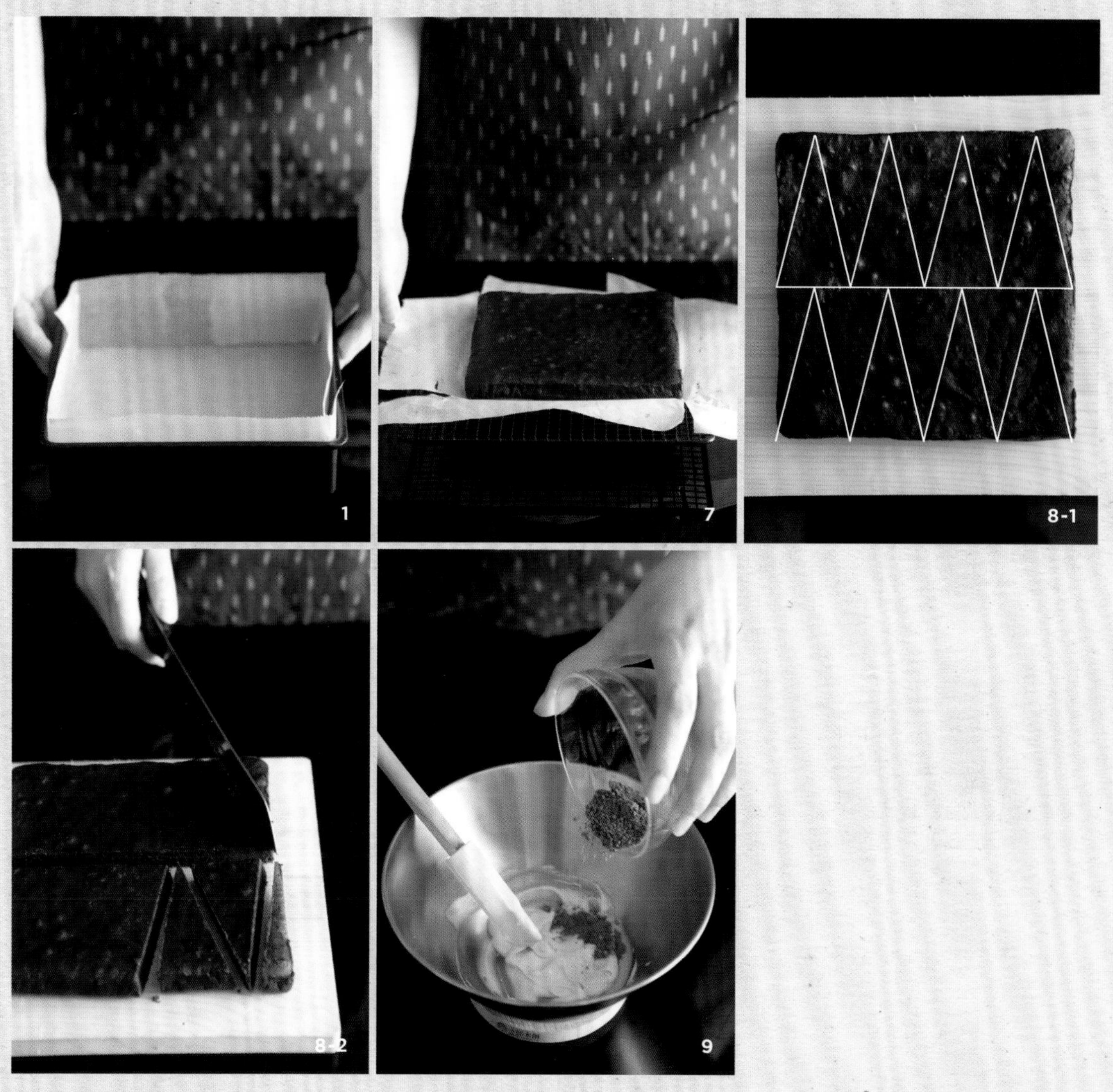


**Betty's Baking Tips**

若不想裝飾成聖誕樹，可直接切成方塊狀，亦可再加入約100g的核桃（或是喜愛的堅果）入麵糊中一起烘烤，口感更是豐富。

另外建議布朗尼溫溫的吃最是濕潤香濃，食用時，噴點水再放進預熱至150度C烤箱，熄火燜個3分鐘左右，口感就會跟剛出爐的一樣了。

# 檸檬糖霜馬芬
Lemon Muffin

馬芬算是款容易且快速的蛋糕，只要將粉、糖、麵粉喇一喇，而且還不需要太認真喇，最後倒入融化奶油，真的，就是這麼簡單‼

**食材**

- 檸檬馬芬
  - 常溫雞蛋　80g
  - 細砂糖　75g
  - 新鮮檸檬汁　約3/4大匙（視檸檬酸度調整）
  - 水與檸檬汁合計共80g
  - 低筋麵粉　160g
  - 無鋁泡打粉　1.5小匙
  - 檸檬皮末　1/3-1/2顆
  - 無鹽奶油　80g
- 檸檬糖霜
  - 糖粉　60g
  - 新鮮檸檬汁　2.5-3小匙

**烤箱溫度**

- 180度C

**準備器具**

- 6連馬芬模
- 23cm調理盆
- 打蛋器
- 刮刀
- 刨絲器

**份量**

- 6顆

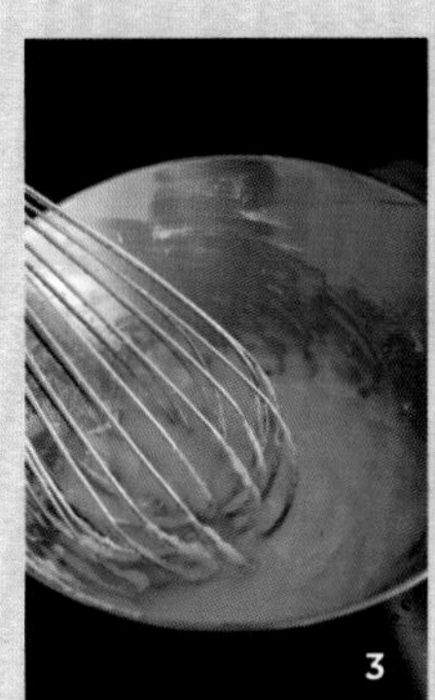
3

4

7-1

7-2

## 做法

### ● 拌麵糊

1 奶油先隔水加熱至融化備用。

2 依序將雞蛋、砂糖、水、檸檬汁、檸檬皮末攪拌均勻。

3 將低筋麵粉、泡打粉一同篩入，只要攪拌至看不見粉粒就好，最後將融化的奶油緩緩加入再拌勻即可。

**POINT！** 切勿過度攪拌讓麵粉出筋，僅需拌至看不見粉粒就好。

### ● 入模＆烘烤

4 將完成的麵糊倒入馬芬模中，約裝8分滿模。

5 送進預熱180度C烤箱約烤15-18分鐘，以竹籤刺入不沾黏即可出爐並脫模。

### ● 製作檸檬糖霜

6 將糖粉與檸檬汁攪拌至緩慢流下的狀態，請視情況斟酌檸檬汁用量。

**POINT！** 檸檬汁先不要一次全下，留個半小匙左右，邊攪拌邊視情況來調整成自己喜愛的稠度。

**POINT！** 檸檬糖霜一拌好就儘快使用，曝露在空氣中可是很快就會乾了。

### ● 頂飾

7 舀取適量的檸檬糖霜淋在檸檬馬芬蛋糕上。亦可將切片檸檬的一角切一裂口再擺上，增加視覺豐富度。

# 紅茶巧克力甘納許方糕
## Black Tea & Chocolate Cakes

馬芬可不一定要是杯子狀，甚至添加植物油更感輕盈，再利用矽膠模做成一口吃的小巧樣，作為宴客的finger food 或是姐妹淘的貴婦風午茶，都挺適合翹著小拇指閒適優雅的享用呢。

食材

- ● 紅茶馬芬蛋糕
- ○ 常溫雞蛋 40g
- ○ 細砂糖 32g
- ○ 鮮奶 40g
- ○ 植物油 40g
- ○ 低筋麵粉 80g
- ○ 無鋁泡打粉 0.8g
- ○ 錫蘭紅茶茶包 1個（約2.5g）

- ● 巧克力甘納許
- ○ 動物性鮮奶油 25g
- ○ 苦甜巧克力 25g（71%）
- ○ 植物油約 1/2小匙

準備器具

- ○ 24連中空矽膠模（每個孔約為3*3*2cm）
- ○ 23cm調理盆
- ○ 打蛋器
- ○ 刮刀
- ○ 擠花袋
- ○ 三明治袋
- ○ 醬汁鍋（煮鮮奶油用）

烤箱溫度

- ○ 180度C

**Betty's Baking Tips**

**1** 因為蛋糕頂部有裝填甘納許，故建議此款蛋糕需放冰箱冷藏，要食用時，請放室溫回溫10-20分鐘再食用。

**2** 若無矽膠模亦可做成杯子蛋糕狀，將蛋糕配方份量乘以2，就可利用6連馬芬模來製作。

## 做法

### ● 拌麵糊

1 依序將雞蛋、砂糖、鮮奶、植物油攪拌均勻。

2 將低筋麵粉、泡打粉、紅茶粉一同篩入，只需拌勻即可。

**POINT !** 切勿過度攪拌讓麵粉出筋，僅需拌至看不見粉粒就好。

**POINT !** 若紅茶包的葉末太粗的話，請先磨成細末，才不會影響蛋糕口感。

### ● 入模＆烘烤

3 將完成的麵糊裝入擠花袋中，前端剪一小口，每個孔模約裝6-7分滿模，最後於桌面輕敲2-3下讓麵糊平整。

4 送進預熱至180度C烤箱烤約7-8分鐘，以竹籤刺入不沾黏即可。

5 出爐待降溫後再脫模。

### ● 製作巧克力甘納許

6 將動物性鮮奶油加熱至小冒泡，再沖入苦甜巧克力中，先靜置1-2分鐘再輕柔地拌勻，最後將植物油也倒入，同樣輕柔的拌勻。

**POINT !** 巧克力若非鈕釦狀，請先切小塊較容易融化。

**POINT !** 先靜置1-2分鐘可讓巧克力先軟化，等等攪拌時只需輕柔的拌勻，亦可減少空氣的拌入。

**POINT !** 這份量是較容易操作的份量，用不完的部分可冷凍保存，需要時只需隔水加熱至融化就好。

7 將巧克力甘納許裝入三明治袋中，前端剪一小口，並將蛋糕頂端的孔洞注滿。

8 若有金箔的話可擺上裝飾。

3

6-1

6-2

7

# 英國佬的優格司康
## Yogurt Scone

司康算是很能代表英國的一種甜點，
享受英式下午茶時可是必備這小巧鬆餅，對半剖開塗上奶油以及果醬，
再來一杯熱呼呼的紅茶，就是很經典的吃法。

**食材**

- 低筋麵粉　220g
- 細砂糖　2大匙
- 無鋁泡打粉　2小匙
- 鹽　1小撮
- 無鹽奶油　60g
- 冷藏雞蛋　1個
- 原味優格　4大匙

**準備器具**

- 23cm 調理盆
- 6cm 圓形壓模
- 刮刀
- 桿麵棍
- 刷子

**烤箱溫度**

- 預熱180度C

**份量**

- 6個

## 做法

### ● 製作麵團

1 無鹽奶油切小丁，放冰箱冷藏備用。

2 將過篩的低筋麵粉與無鋁泡打粉、糖及鹽攪拌均勻，再將冰箱取出的切丁無鹽奶油倒入，並用手指搓成細砂粒狀。

3 將優格與蛋拌勻後倒入步驟2中，再以刮刀攪拌略成團。

**TIPS!** 拌至約略成團就好，不要拌合過度。

4 再將麵團移至桌面用手壓摺的方式，對摺個6-7次至麵團略呈光滑狀即可。

**POINT!** 千萬不要對摺太多次數，會讓麵團出筋影響口感。

### ● 塑形

5 將麵團擀成約2cm厚，再取一直徑6cm的圓型壓膜壓出圓餅，剩餘的麵團一樣再按壓聚集成團，繼續壓模即可。

**POINT!** 可以適時撒些高筋麵粉於桌面，如此壓擀時較不易沾黏。

**POINT!** 壓模時，也適時地沾裹一下高筋麵粉，壓印麵團時較也不會沾黏。

### ● 烘烤

6 於麵團表面刷上一層份量外的蛋液。

7 放進預熱至180度C烤箱，烤20分鐘至表面上色。

**Betty's Baking Tips**

成功的司康，側面會有一道長長的裂口（喔，這可是司康的正字標誌呢），而口感是酥鬆的，不是硬實的。若要做出成功的司康，需切記千萬不要拌合過度、麵團也不要對摺過多次數，因為麵團一旦出筋的話，口感就會偏硬而不酥鬆。另外，司康的材料（蛋、奶油、優格…等）也一定要冷藏過，在冰冷狀態下使用製作。

# 戒斷不了的藍莓酥粒

## Blueberry Crumble

Crumble是二次世界大戰時起源於英國的甜點，由於戰爭時期物資短缺，但是愛吃甜點的欲望還是很難戒斷，所以窮極生變而誕生出這道運用簡易食材，卻能大大滿足愛吃甜點的人們。上層是烤的香酥脆口的餅乾酥粒、而裡層是濃郁果醬以及一咬會噗滋流瀉出滿滿果香的水果。現在的人更是會享受，夏天夾上一大球冰淇淋，冬天則是佐上滿滿地奶香絲滑的香緹鮮奶油，不管一出爐熱熱地吃，或是放涼再吃，各有不同的風情。

**食材**

- ○ 低筋麵粉　70g
- ○ 無鹽奶油　35g
- ○ 細砂糖　35g
- ○ 鹽　1小撮
- ○ 藍莓　100-120g
- ○ 黑莓果醬　5-6大匙（藍莓亦可）

**準備器具**

- ○ 6吋烤皿
- ○ 23cm調理盆

**烤箱溫度**

- ○ 200度C

## 做法

### ● 製作酥粒

1　從冰箱取出無鹽奶油，先切小丁，與過篩低筋麵粉一起放入調理盆中，用手指搓捏奶油與麵粉至成細砂狀。

**POINT!**　奶油不可退冰回溫，需使用冰冷狀態下的奶油。

2　再將細砂糖、鹽倒入拌勻即可。

### ● 組合

3　將果醬平鋪在烤皿上，撒上藍莓，最後再將酥粒厚厚地撒上。

### ● 烘烤

4　送進預熱至200度C烤箱，約莫烤15分鐘，至酥粒呈現金黃色、酥脆即可。

**Betty's Baking Tips**

1　水果也可以替換成覆盆子、草莓、蘋果…皆可，如果是使用草莓，就可搭配草莓或覆盆子果醬。
2　莓果類的水果可以是新鮮的、也可以選擇冷凍的。
3　可多做一些酥粒放冷凍庫常備著，約可保存約1-2個月，要用時就可直接取用很方便。

Cake

# 不等人的蜂蜜舒芙蕾
## Honey Soufflé

舒芙蕾的由來有許多說法，其一是為了讓法國王公貴族、上流階層在道道美食佳餚珍饈飽腹之後，肚子還有餘裕能品嚐的甜點，於是廚師們絞盡腦汁構思了這道入口如雲朵般夢幻輕盈，存在感極低（指的是在「胃」中的存在感～）的舒芙蕾。

運用了打發蛋白以及煮卡士達醬的技巧，高溫烘烤後形成外部的薄層酥脆，內部溫潤絲柔，而蓬鬆高聳的外型一轉眼就稍縱即逝的華麗甜點。

**食材**

- ○ 蛋黃　1顆
- ○ 蜂蜜　10g
- ○ 低筋麵粉　10g
- ○ 鹽　1小撮
- ○ 鮮奶　80g
- ○ 蛋白　2顆
- ○ 細砂糖　20g
- ○ 檸檬皮末　1/3顆

**準備器具**

- ○ 200ml烤皿（2個）（直徑8.5cm，高4cm）
- ○ 厚底平底鍋
- ○ 打蛋器
- ○ 23cm調理盆2個
- ○ 電動攪拌機
- ○ 刮刀
- ○ 刨絲器
- ○ 網篩

**烤箱溫度**

- ○ 180度C

### 做法

● **製作卡士達奶油**

1 取一調理盆，依序將蛋、蜂蜜、過篩的低筋麵粉、鹽拌勻。

2 再取一厚底平底鍋，倒入鮮奶及5g細砂糖並煮至鍋緣小冒泡即熄火。接著少量少量的倒入步驟1中，待整體滑順後再全部倒入並攪拌均勻。

**POINT !** 鮮奶一加熱，鍋緣便會產生一層結皮，造成耗損以及影響口感，若加點砂糖則可避免此情形發生。

3 將濾網架在厚底平底鍋上，將步驟2過濾。

4 過濾後，開中大火加熱，加熱期間持續攪拌，並注意鍋底邊緣一定要攪拌到，當水分煮到越來越少時，會容易結塊以及燒焦。需煮至開始濃稠、出現紋路即離火，並貼覆一張保鮮膜於卡士達奶油上，再隔水降溫至冷卻備用。

**POINT !** 隔水降溫採漸進式降溫，私心建議先泡常溫水一會，再泡冰水，可防止冷熱溫差過大造成鍋子的損傷。且卡士達奶油需放涼才能與打發蛋白霜拌合，否則可是會讓打發蛋白霜消泡的。

**POINT !** 保鮮膜需貼覆在卡士達奶油表面，而非覆蓋在鍋緣，可防止卡士達奶油結皮

註：卡士達製作步驟圖文對照，請見「咖啡環形泡芙」。

- 烤皿前置處理

5 先塗上一層份量外的奶油於烤皿內部、再均勻地滾上一層份量外的細砂糖。

- 打發蛋白

6 將蛋白及剩餘砂糖打至硬性發泡，打至以打蛋器舀起蛋白霜尖端可呈現挺立狀態（請見技巧3如何成功的打發蛋白）。

- 拌合

7 將打發蛋白霜輕柔的拌入步驟4的卡士達奶油中，再拌入檸檬皮末，並平均倒入烤皿中，表面略抹平。

8 拇指與食指挾著烤皿緣劃一圈，形成一圈溝槽。

**POINT !** 以手指沿著烤皿劃一圈的小方法，可讓舒芙蕾膨脹後，儘可能直直的往上膨發、避免垮下攤掉，如此成品形狀會較美麗。

- 烘烤

9 馬上送進預熱至180度C烤箱，烤18-20分鐘至表面上色。

10 出爐後，表面撒些糖粉即可立即享用喔。

**Betty's Baking Tips**

出爐後享用時，千萬不要遲疑，因為舒芙蕾高聳的美麗身影，一轉眼可就消逝無蹤囉。

2
4
5-1
5-2
7-1
7-2
7-3
8
10

# 唰唰就好的蛋糕
## Easy Lemon Cake

Betty私心介紹這款真的只要唰唰就好的蛋糕給大家，有時候就是發懶、或是小朋友臨時帶著一大票同學們回家的時候。若媽媽們有馬上就能餵食小小客人們的甜點烘焙能力將會非常實用，像是這道唰唰就好的蛋糕可以立即上場，並且隨意變化模具，不論烤盤、鑄鐵鍋、小烤皿、喜愛的造型模具通通不設限。

**食材**

- 動物性鮮奶油　100g
- 細砂糖　90g
- 蜂蜜　10g
- 常溫雞蛋　2顆
- 低筋麵粉　100g
- 無鋁泡打粉　1小匙
- 檸檬皮末　1/3顆

**準備器具**

- 20*20cm的方形烤模
- 23cm調理盆
- 打蛋器
- 刨絲器

**烤箱溫度**

- 180度C

### 做法

1　先鋪上烘焙紙於烤模內。

#### ● 拌勻

2　依序將鮮奶油、砂糖與蜂蜜加入調理盆裡拌勻，接著分2-3次拌入打散的雞蛋，然後磨一些檸檬皮末，最後加過篩的低筋麵粉與泡打粉，用打蛋器拌勻所有食材就好。

**TIPS!**　拌至均勻看不見粉類即可，千萬不要過度攪拌至出筋，那樣口感可是會不好吃。

#### ● 烘烤

3　將拌勻的麵糊倒入烤模中，放入預熱至180度C的烤箱烤13-15分鐘，以竹籤刺入不沾黏即可取出，脫模後放在冷卻架上，稍待降溫再撕除烘焙紙。

**Betty's Baking Tips**

檸檬皮末可置換成柳橙皮末，風味也很迷人喔。

LESSON5

NO BAKE DESSERTS

# 免烘烤甜點的失誤解析

除了烘烤類的甜點，有時也想試試不用火、
不用動到烤箱的美味，這時不妨試試免烘焙系列吧！
這類甜點也內含了許多製作中的小訣竅呢。

*No bake desserts*

# 提拉米蘇玻璃杯

## Tiramisù

最能代表義大利的著名甜點，應該馬上就會聯想到提拉米蘇吧。義大利原文裏，Tira 是「提、拉」的意思，Mi 是「我」，sù 是「往上」，合起來也有種「帶我走」的意思，帶走的不只是舌蘊中的美味，亦飽含著滿滿的幸福與愛意。

**食材**

- ● 馬斯卡朋起士醬
- ○ 細砂糖　40g
- ○ 蛋黃　2顆
- ○ 馬斯卡朋起士　160g
- ○ 動物性鮮奶油　160g

- ● 咖啡糖漿
- ○ 即溶咖啡粉　15g
- ○ 卡魯哇咖啡酒　15g
- ○ 細砂糖　10g

- ● 其他
- ○ 市售手指餅乾　適量
- ○ 防潮可可粉　適量

**準備器具**

- ○ 300 ml玻璃杯2個
- ○ 厚底平底鍋
- ○ 19cm調理盆（2個）（外加一個隔水加熱鍋）
- ○ 電動攪拌器
- ○ 刮刀
- ○ 打蛋器
- ○ 網篩

## 做法

### ● 製作咖啡糖漿

1 將即溶咖啡粉、卡魯哇咖啡酒、細砂糖倒入厚底平底鍋中，用小火加熱至融化後，即熄火待涼備用。

### ● 製作馬斯卡朋起士醬

2 馬斯卡朋起士置於室溫下，先軟化備用。

3 鮮奶油隔冰塊水打至7-8分發，舀起攪拌棒鮮奶油尖角會緩緩彎下狀備用。（請參照技巧4如何成功的打發鮮奶油）。

4 拌勻蛋黃及細砂糖，並隔水加熱至75-80度C，蛋黃液會呈現濃稠狀態。

**TIPS！** 拌隔水加熱期間，請持續攪拌。

5 再依序與軟化的馬斯卡朋起士及打發鮮奶油輕柔地逐一拌勻。

## ● 組合

6 將市售的手指餅乾裁剪成適合杯子的長度，再雙面沾裹步驟1的咖啡糖漿，鋪排於杯子底部。

7 倒入適量的馬斯卡朋起士醬，再重複一次步驟6、步驟7，最後於表面撒上一層可可粉裝飾即可。

# 低脂藍莓豆漿慕斯塔
## Soy Milk & Blueberry Mousse Tarte

慕斯的輕與柔，常是仕女們的愛戀，再將低熱量的豆漿納入食材，
取代厚重的鮮奶油，讓每一口都是輕盈如雲的感受。

**食材**

- 簡易餅乾塔皮
  - 消化餅　70g
  - 無鹽奶油　35g

- 頂飾
  - 香緹鮮奶油
  - 藍莓適量

- 藍莓慕斯
  - 無糖豆漿　200g
  - 細砂糖　30g
  - 吉利丁片　10g
  - 原味優格　250g
  - 冷開水　50g
  - 檸檬汁　1小匙
  - 藍莓果醬　80g

**準備器具**

- 6吋慕斯圈
- 厚底平底鍋
- 網篩
- 擀麵棍
- 耐熱玻璃杯（融化奶油用）
- 打蛋器

## ● 製作簡易餅乾塔皮

1 將消化餅裝入保鮮袋中，再用擀麵棍擀成粉碎狀。

2 將無鹽奶油隔水加熱至融化，再倒入步驟1中拌勻。

3 用保鮮膜包覆6吋慕斯圈的底部，再將步驟2倒入，並儘量用力壓平，在放冰箱冷藏備用。

## ● 藍莓慕斯

4 先將吉利丁片泡冰塊水約5-10分鐘，至吉利丁片膨脹變軟Q，再擠乾水分備用。

**TIPS!** 一般吉利丁在20-30度C就會開始融化，所以吉利丁片一定得泡冰塊水，切勿用一般的常溫水浸泡。

5 將一半的豆漿、砂糖、泡軟的吉利丁片一起放入厚底平底鍋中，以小火煮至砂糖融化即可。

6 再倒入剩餘的豆漿、原味優格、冷開水、檸檬汁、藍莓果醬並攪拌均勻，即完成藍莓慕斯液。

1 2 3-1 3-2 4-1 4-2 5 6

7 將藍莓慕斯液倒入慕斯圈中，放入冰箱冷藏2.5-3小時至定型。

TIPS ! 若表面有浮泡，就用網篩撈除。

## 脫模

8 撕除保鮮膜，將藍莓慕斯塔放在盤子上。

9 取一條毛巾浸泡熱水後擰乾，再沿著慕斯圈圍一圈，包覆一會兒，重複此動作，直至可以拉起慕斯圈。

POINT! 每包覆熱毛巾一會兒，就隨即拉一拉慕斯圈，試看看能不能脫模 切勿包覆熱毛巾過久，可是會讓慕斯融化的。

## 頂飾

10 最後擠些香緹鮮奶油，撒些藍莓果粒裝飾即可。

7-1 7-2 8 9-1 9-2 9-3

# 專屬貓王的可麗餅
Crêpe

可麗餅可是法國人的家鄉味，更是一種專屬於媽媽的味道，她的風味變化可是萬千，可夾進甜餡、亦可當正餐佐鹹料喔。

**食材**

- 乾粉類
  - 低筋麵粉　100g
  - 細砂糖　20g
  - 鹽　1小撮
- 液體類
  - 雞蛋　2顆
  - 鮮奶　250g
  - 植物油　20g
- 餡料
  - 花生醬、巧克力淋醬、香蕉、冰淇淋皆適量

**準備器具**

- 11吋平底鍋
- 19&23cm 調理盆各一
- 打蛋器

**份量**

- 直徑20~22cm的麵皮約10片

## 做法

### 拌麵糊

1 分別將乾粉類以及液體類攪拌均勻。

2 再將液體倒入乾粉裡並攪拌至看不見粉類即可，切勿過度攪拌，送進冰箱冷藏30分鐘。

TIPS！ 經過30分鐘的靜置，能讓食材更融合。

### 煎麵皮

3 平底鍋熱鍋後，噴上一層薄油，再倒入適量麵糊，並儘量擺動鍋子讓麵糊均勻擴散成圓形。

TIPS！ 麵糊薄薄一層即可，不要過厚。

4 煎至周圍的麵皮上色後即翻面，續煎5-10秒即可起鍋。再繼續比照前面方式將剩餘麵糊煎完。

### 夾餡

5 將花生醬塗抹在麵皮上，夾進適量的切塊香蕉，對摺再對摺，最後淋上巧克力淋醬，並依個人喜好加上冰淇淋即可享用。

3-1　3-2　5-1　5-2　5-3　5-4

# 浪漫櫻花可爾必思果凍杯

## Sakura &Calpis Jelly

一朵朵雅致粉柔的櫻花，讓一杯純白的乳酸果凍，
整個柔美風雅起來～

**食材**

- 可爾必思果凍
  - 可爾必思　500ml
  - 吉利T　13g
- 櫻花果凍
  - 冷開水　240g
  - 細砂糖　36g
  - 吉利T　7g
  - 鹽漬櫻花　6朵

**準備器具**

- 120ml玻璃杯6個

## 做法

### 製作可爾必思果凍

1 將吉利T倒入可爾必思中，攪拌均勻後開火煮至80度C即可熄火，加熱期間也請攪拌。

**TIPS！** 吉利T融化的溫度為80度C。

2 將果凍液均等的倒入6個玻璃杯中，降溫後再移至冰箱冷藏至定型。

### 製作櫻花果凍

3 先用水洗去鹽漬櫻花的鹽分，請以冷開水浸泡約15-20分鐘。

4 砂糖與吉利T先拌勻，再倒入冷開水中，攪拌均勻後開火煮至80度C即可熄火，加熱期間請攪拌。

5 待步驟4降溫至55-60度C左右，即可倒入已冷藏定型的步驟2中。

**TIPS！** 切勿直接將熱燙的果凍液倒入步驟2中，高溫可是會使已定型的可爾必思果凍有融化的風險。

6 於每個果凍上擺放一朵鹽漬櫻花，再次送入冰箱冷藏至定型。

1-1　1-2　2　3　4

**Betty's Baking Tips**

若無鹽漬櫻花也沒關係，可用時令切丁水果取代，也超適合給小朋友享用。

FINISH

# 下次烘焙更輕鬆：活用整理

烘焙結束後，先不急著脫下圍裙，

只要再多做一些些、

多花一點時間，下次烘焙會絕對更輕鬆更省力喔！

After baking

*Finish*

## 烤模、烘焙器具要如何清洗？如何保養？

**烤模**

每次用完烤模後，請用熱水及柔軟海綿輕輕刷洗乾淨，接著用乾布或紙巾悉心擦去水分，確實風乾才能收納，或是利用烤箱餘溫來烘乾水分也可。而鍍錫的烤模則需再薄薄刷上一層油（防止氧化），才可收納起來。或是依照烤模的出廠說明確實清潔與保養，才能延長烤模使用年限。

**打蛋器**

打蛋器的清潔也很重要，每條鋼絲需仔細清潔、確實刷洗乾淨，洗完晾乾或是烘乾都可。

**各式調理盆**

確實用中性洗碗精及柔軟海綿刷洗調理盆，以防沾染油、或是其他食材而影響下次蛋白的打發，洗完晾乾或是烘乾都可。

**矽膠刷**

先用熱水清洗，再用中性洗碗精來清潔，即可清除異味及油質。

**擀麵棍**

若為木質擀麵棍，清洗後記得要擦乾，放在通風處風乾。

**各式網篩**

清洗後，一定要烘乾或晾乾才能再度使用。

**矽膠模**

用柔軟海綿沾點中性清潔劑清洗即可，勿用力拉扯、不要用刀具刮傷，更不要用硬質刷子刷洗。

**花嘴**

可以泡在熱水中並加點中性清潔劑浸泡一會兒，會較好清洗；若有小隻刷子那更好，可以深入花嘴刷洗得更乾淨，洗完烘乾或是自然風乾再收納。

**刮板、刮刀**

用柔軟海綿沾點中性清潔劑清洗即可，洗完烘乾或是自然風乾再收納。

這些小小的清潔工作確實做好，下次烘焙一定會更有效率與輕鬆！還有不要忘了，廚房環境也需順勢清潔，畢竟，整潔有秩序的廚房，一定能讓待在廚房的烘焙魂更能盡情發揮。

*Finish*

# 下次烘焙更輕鬆：活用整理

## 糕點吃不完如何保存？冷藏還是冷凍？又可放多久呢？

Betty依自身的烘焙經驗，整理出各式糕點的賞味效期及保存方式給各位參考，但是各家的冰箱冷藏狀況、所處環境室溫濕度皆不同，以下保存時間並非絕對，還請各位再行斟酌。另老話一句，所有的美味糕點都該趁新鮮時通通吃下肚，這才是最佳、最天然的保存方式喔！

**海綿蛋糕、戚風蛋糕**
降溫後用保鮮膜包覆起來，放進保鮮袋或是保鮮盒中，冷藏約可保存5-7天，冷凍約可保存1個月左右，要食用前先解凍回溫。但若是有夾餡料，或是鮮奶油裝飾的話，建議2-3天內食用完，風味最佳。

**鮮奶油蛋糕**
易變質，建議密封冷藏保存，2-3天內食用完為佳。

**泡芙**
已夾餡的泡芙，則建議馬上食用，畢竟餡料可是會讓泡芙皮失去脆度的，且泡芙的夾餡多為卡士達醬或是鮮奶油，皆是不易久放的食材，所以建議泡芙要現吃現夾餡。

**塔、派皮**
建議密封冷藏保存甜塔，1-2天內食用完。而鹹派的話，密封冷藏約可保存2-3天，若是密封冷凍則可保存約2星期左右，要食用時，再放進已預熱的烤箱再烤個5-10分鐘溫熱即可。

**磅蛋糕、瑪德蓮、費南雪**
磅蛋糕這類重奶油的糕點屬常溫蛋糕，可常溫密封保存，夏天約可保存3-4天，冬天約可保存5-7天。 但若氣候悶熱潮濕或是吃不完時，建議密封冷藏保存約1-2星期，冷凍保存約1-2個月為佳。

食用時，先放常溫15-20分鐘（冬天則視情況延長時間），待蛋糕稍恢復軟度即可享用，或是放進已預熱的烤箱再烤個2-3分鐘也可。

**卡士達醬**
因含有大量的蛋及牛奶，易變質不適宜久放，冷藏隔天即食用完畢為佳，不可冷凍。

**餅乾**
密封常溫保存約2-3星期左右。

**馬芬**
常溫密封保存約2天左右。

**司康**
常溫密封保存約2天左右，而密封冷凍約可保存1-2個月左右為佳，食用時先回溫，於司康表面灑點水，再放進預熱180度C烤箱，烤個3-5分鐘就可以了。

## 哪些糕點可以用半成品的狀態保存呢？

平時有空的時候，可以先完成一些繁瑣的前置工序，並適當保存半成品，如此下次想吃的糕點的話，就可以節省一些時間；也利於有時無法隨心操控時間，例如做糕點時老是被打斷的狀況…好吧，就像我家小孩老是在身邊團團轉，這時就需知道如何適當保存做到一半的麵團或是食材。

**泡芙**

烘烤完未夾餡的泡芙皮，降溫後用保鮮盒密封冷凍，約可保存1個月。要食用時，先放入冷藏或室溫解凍，再將烤箱預熱200度C後熄火，將解凍的泡芙皮放入燜個5分鐘左右即可。或是生麵糊則是擠在烤盤上再進冷凍室，等定型後，用密封袋或是保鮮盒冷凍保存，要食用時，直接進烤箱烘烤，只是時間需再拉長個5-10分鐘。

**塔皮**

攪拌完成的生麵團，用保鮮膜包覆再放進保鮮袋，以冷凍狀態可保存1個月左右。取用前，移至冷藏回復至適當軟度，即可繼續接下來未完成的入塔模及烘烤工序。

若是已完成的生麵團裝填入塔模後，可連同塔模一起冷凍保存，要用時直接進烤箱烘烤，只是時間需拉長個5-10分鐘。

**餅乾**

奶油類的餅乾生麵團，以保鮮膜包覆再裝入密封袋中，冷凍存放約可保存1-2個月左右。

**打發的鮮奶油**

打發的動物性鮮奶油若是用不完，可以裝入保鮮盒中或是用保鮮膜包覆密封冷凍保存，下次可以拿來做巧克力甘那許，一點都不浪費。

**酥粒（crumble）**

搓拌成細砂狀的酥粒，用保鮮袋密封後放冷凍可保存約1-2個月，取出就可即刻使用。

QUICK AND EASY DESSERTS

# 剩餘糕點做變化：常備甜點

平時有剩餘的甜點，或是做甜點時，再多備一份起來，
只要花點小小心思變化製作，就能讓它們再度亮麗上場，
而且變成賣相好看的常備甜點！

保存方式可參考前面段落所述，當饞蟲發作或臨時有客人來訪時，
就不會手忙腳亂，也能一派優雅、輕鬆自若的端上桌。

*Quick and easy desserts*

# 柳橙凝乳夾心餅乾
## Orange Curd Sandwich Cookies

將凝乳的酸香夾在喜愛的酥脆餅乾中，做成自家版獨有的風味餅乾，也讓凝乳有了美麗的再生～

食材

- 喜愛的餅乾、柳橙凝乳皆適量

**做法**

1 柳橙凝乳做法請見「柳橙邂逅起士夾心蛋糕」。

2 將凝乳適量塗抹在餅乾上，再輕覆一片餅乾即完成，或是直接沾裹吃也很棒。

**Betty's Baking Tips**

用凝乳沾裹蛋白餅、塗抹司康、抹麵包也很棒喔。書中介紹的檸檬檸乳也適用。

# 吸睛度100%的 Trifle

## Trifle

只要有個通透的玻璃杯，再準備時令鮮甜的水果，加上戚風蛋糕或海綿蛋糕，將它們隨意切塊，再淋上打發的風味鮮奶油，就能層層堆疊成視覺豐富的杯裝甜點，這一杯端上桌能不尖叫嗎？

**食材**

- 戚風蛋糕或是海綿蛋糕切小塊
- 覆盆子（或草莓）皆適量

● 覆盆子鮮奶油

- 動物性鮮奶油　90g
- 覆盆子果醬　50g（或草莓果醬）視果醬甜度斟酌

**準備器具**

- 150ml 玻璃杯 2 個
- 19cm 調理盆
- 電動攪拌器
- 刮刀

**做法**

● 打發覆盆子鮮奶油

1 將動物性鮮奶油隔冰塊水打至7-8分發，用攪拌棒舀起時尖角會緩緩彎下狀，再拌入覆盆子果醬（技巧4如何成功打發奶油）。

● 組合

2 先放些切塊蛋糕，舀入適量覆盆子鮮奶油，擺上水果，重覆以上動作至杯子滿了即可。最後再裝點些水果於頂部，輕輕鬆鬆的開動吧！

# 巧克力棒棒球
## Cake pops

有時候，磅蛋糕就是容易剩個1-2塊吃不完，或者是沒保存好，讓口感變乾的情況…。沒關係，只要花個幾分鐘，幾個小工序，就能讓磅蛋糕這灰姑娘大變身！

**食材**

- 牛奶巧克力（苦甜巧克力亦可）50g
- 鮮奶　1大匙
- 喜愛的磅蛋糕　100g
- 可可粉　適量

**準備器具**

- 食物調理機

### 做法

1 將磅蛋糕放進食物處理機中打成粉碎狀，若無食物處理機，也可用雙手將蛋糕弄碎。

2 將巧克力隔水加熱至融化。

3 再將所有材料拌勻，再捏塑成6個小圓球狀，密封放冰箱冷藏約30-60分鐘至定型。

**POINT !** 鮮奶的量請斟酌加減，能讓麵團聚合成團即可。

4 食用時撒上可可粉裝飾即可。

2

3-1

3-2

**Betty's Baking Tips**

亦可加進喜歡的果乾或是堅果，風味會更有層次。

# 榛果巧克力三明治蛋糕
## Nutella Sandwich Cake

三明治一定得是麵包嗎？那可不一定～把蛋糕片一片，隨心塗滿喜愛的醬料，再加點時令水果，當然，若要夾鹹的餡料也行喔！

**食材**

- 海綿或戚風蛋糕適量
- 市售榛果巧克力醬（Nutella）或是巧克力甘納許（做法請見205頁）
- 喜愛的水果皆適量

**做法**

海綿或是戚風蛋糕切片先塗上榛果巧克力醬，再擺上時令水果，輕覆上另一片也塗滿榛果巧克力醬的蛋糕，對切即可享用。

# 繽紛水果蛋糕串

Cake Sample

將磅蛋糕切成塊狀，串上喜愛的時令水果、也串上Q彈棉花糖，當成野餐甜點，視覺上是不是也饒富趣味起來呢？

**食材**

喜愛的磅蛋糕、水果、棉花糖 皆適量

**做法**

先將磅蛋糕切成四方塊狀，再隨自己創意串上喜愛的水果或配料即可。

# 泡芙布丁盅

## Choux Pastry Pudding

這道甜點的發想來自於法國老奶奶們對剩餘麵包的再利用，將冰箱常備的牛奶雞蛋拌成絲綢滑嫩的布丁蛋奶液，再淋滿烤盅。一經烘烤，不僅能將剩餘食材吃光光，又吃的到濃濃的蛋奶香。Betty將麵包換成泡芙皮，又是不同的風味感受，但是一樣的心態就是不想浪費食物～而餡料呢，更是隨意，果乾、水果、堅果或是什麼都不加也行，就是冰箱有什麼餡料就加什麼，就算只有雞蛋，也是香噴噴的迷人。

### 食材

- 泡芙　4-5顆
- 雞蛋　1顆
- 鮮奶　100g
- 細砂糖　15g
- 天然香草精　1/4小匙
- 蔓越莓果乾　1大匙多
- 杏仁片　適量
- 防潮糖粉　適量

### 準備器具

- 約250ml烤皿1個
- 濾網

### 烤箱

- 170度C

### 做法

1 將泡芙撕半，一一擺進烤皿。

● **製作布丁蛋奶液**

2 將雞蛋、鮮奶、細砂糖、香草精拌勻後過篩，即完成布丁蛋奶液。

3 將布丁蛋奶液倒入烤皿，再隨意撒上蔓越莓果乾、杏仁片。

● **烘烤**

4 送進預熱至170度C的烤箱，烤18-20分鐘至蛋液凝固即可。

5 食用時，可撒上防潮糖粉裝飾，亦可再加些喜愛的時令水果。

1

2

3

**Betty's Baking Tips**

若想要奶香更是濃郁，當然可以將一部份的鮮奶替換成動物性鮮奶油，風味毋庸置疑絕對更香濃，但是相對熱量也較高些。

# 馬斯卡朋酥粒甜點杯
## Lemon Curd & Mascarpone Cheese Parfait

酸香凝乳、脆口酥粒加上滑順香濃的馬斯卡朋奶醬，三種風味、三種截然不同的口感，在味蕾中激盪出美麗的火花，可以款待訪客、姐妹淘午茶、當小朋友點心…皆宜，一出場，就是絢麗動人。

**食材**

- 檸檬凝乳4-5大匙（請見「酸香檸檬塔」食譜）
- 酥粒半份（請見「戒斷不了的藍莓酥粒」食譜）

● 馬斯卡朋起士奶醬

- 馬斯卡朋起士　30g
- 動物性鮮奶油　120g
- 細砂糖　15g

**準備器具**

- 玻璃杯250 ml 2個
- 19cm調理盆
- 電動攪拌器
- 刮刀
- 擠花袋

**烤箱溫度**

- 160-170度C

**做法**

● **先烤酥粒**

1 從冷凍庫取出生酥粒，直接平鋪在烤盤上，放進預熱至160-170度C的烤箱，烤10分鐘至酥脆上色，取出放涼備用。

● **製作馬斯卡朋起士奶醬**

2 馬斯卡朋起士先放室溫回軟。

3 將鮮奶油與砂糖隔冰塊水打至7-8分發，用攪拌棒舀起尖角會緩緩彎下狀，再拌入馬斯卡朋起士（請見技巧4如何成功打發鮮奶油）。

4 將馬斯卡朋起士奶醬裝入擠花袋中。

● **組合**

5 舀取適量酥粒放在玻璃杯底部，擠上適量馬斯卡朋起士奶醬，再擠入適量檸檬凝乳，重覆以上動作，層層堆疊製造層次感，最後再撒上一層酥粒於頂部即完成。

1-1

1-2

5

## 《獨家附錄》本書甜點分類及素材查找表

難易度：1基礎　2中等　3進階

| 類別 | | | | 難易度 | 食譜 | 模具 | 口味 | 麵糊、麵團 | | | | | | 奶醬 | | | | | | |
|---|---|---|---|---|---|---|---|---|---|---|---|---|---|---|---|---|---|---|---|---|
| 項次 | 大類 | 中類 | 小類 | | | | | 蛋白打發 | 全蛋打發 | 奶油打發 | 泡芙餅皮 | 餅乾麵團 | 塔派麵團 | 打發鮮奶油 | 卡士達奶油 | 卡士達鮮奶油 | 卡士達慕斯琳 | 其他奶醬 | 糖霜 | 凝結劑 |
| 1 | 蛋糕 | 戚風 | 基本戚風 | 1 | 輕盈優格戚風蛋糕 | 6吋日式戚風模 | 優格 | ● | | | | | | | | | | ● | | |
| 2 | | | | 1 | 酒香蘭姆葡萄戚風蛋糕 | 紙模 | 蘭姆葡萄 | ● | | | | | | | | | | | | |
| 3 | | | 裝飾款 | 2 | 獻給成熟的你～咖啡戚風蛋糕 | 8吋日式戚風模 | 咖啡 | ● | | | | | | | | | | | | |
| 4 | | | | 3 | 成熟大人風戚風蛋糕 | 6吋日式戚風模 | 栗子 | ● | | | | | | | | | | ● | | |
| 5 | | 海綿 | 夾層海綿 | 1 | 嬌嫩蜜桃夾層蛋糕 | 6吋圓型模 | 蜜桃 | | ● | | | | | ● | | | | | | |
| 6 | | | Petit four | 2 | 遇見紅茶白巧克力奶油蛋糕 | 25*25cm方型模 | 紅茶 | | ● | | | | | ● | | | | | | |
| 7 | | | | 2 | 一塊愜意摩卡奶油蛋糕 | 25*25cm方型模 | 摩卡 | | ● | | | | | ● | | | | | | |
| 8 | | | 瑞士卷 | 3 | 覆盆子抹茶瑞士卷 | 25*25cm方型模 | 抹茶 | | ● | | | | | ● | | | | | | |
| 9 | | 磅蛋糕 | 全蛋混合 | 1 | 清新檸檬磅蛋糕 | 磅蛋糕模 | 檸檬 | | | ● | | | | | | | | | ● | |
| 10 | | | | 1 | 帶我走杯子蛋糕 | 杯子 | tira-misu' | | | ● | | | | | | | | ● | | |
| 11 | | | | 2 | 雙重享受香蕉可可磅蛋糕 | 咕咕霍夫 | 香蕉、巧克力 | | | ● | | | | | | | | | | |
| 12 | | | 全蛋打發 | 2 | 再戀芒果優格磅蛋糕 | 磅蛋糕模 | 芒果 優格 | | ● | | | | | | | | | | | |
| 13 | | | 全蛋打發&植物油 | 3 | 柳橙邂逅起士夾心蛋糕 | 6吋圓型 | 柳橙、起士 | | ● | | | | | | | | | ● | | |
| 14 | 餅乾 | 糖油拌合法 | 美式餅乾 | 1 | 榛果美式餅乾 | - | 榛果 | | | | | ● | | | | | | | | |
| 15 | | | 壓膜餅乾 | 2 | 糖霜餅乾 | 心形 | 糖霜 | | | | | ● | | | | | | | ● | |
| 16 | | 無奶油無蛋 | 簡易健康 | 1 | 清脆優格餅乾 | - | 優格 | | | | | ● | | | | | | | | |
| 17 | 塔 | 糖油拌合法 | 凝乳（Curd） | 1 | 酸香檸檬塔 | 6吋塔模 | 檸檬 | | | | | | ● | | | | | ● | | |
| 18 | | | 卡士達 | 2 | 滿滿紅豆抹茶塔 | 9吋塔模 | 抹茶 | | | | | | ● | | | | ● | | | |
| 19 | | | 直接鋪餡 | 3 | 焦香蜜糖蘋果塔 | 小塔 | 焦糖蘋果 | | | | | | ● | | | | | ● | | |
| 20 | | | 杏仁奶油醬 | 3 | 春意草莓塔 | 6吋塔模 | 草莓 | | | | | | ● | ● | | | | | | |
| 21 | 派 | 簡易派皮 | 簡單款 | 1 | 懶人的綜合莓果派 | - | 綜合莓果 | | | | | | ● | | | | | | | |
| 22 | 泡芙 | 泡芙 | mini泡芙 | 1 | 抹茶珍珠糖小泡芙 | - | 抹茶 | | | | ● | | | | | | | | | |
| 23 | | | 環形泡芙 | 3 | 咖啡環形泡芙 | - | 咖啡 | | | | ● | | | ● | ● | | | | | |
| 24 | | | 餅乾泡芙 | 2 | 巧克力沙布蕾泡芙 | - | 巧克力 | | | | ● | | | | | ● | | | | |

*Desserts & material List*

# 獨家附錄

| 類別 | | | | 難易度 | 食譜 | 模具 | 口味 | 麵糊、麵團 | | | | | | 奶醬 | | | | | | |
|---|---|---|---|---|---|---|---|---|---|---|---|---|---|---|---|---|---|---|---|---|
| 項次 | 大類 | 中類 | 小類 | | | | | 蛋白打發 | 全蛋打發 | 奶油打發 | 泡芙餅皮 | 餅乾麵團 | 塔派麵團 | 打發鮮奶油 | 卡士達奶油 | 卡士達鮮奶油 | 卡士達慕斯琳 | 其他奶醬 | 糖霜 | 凝結劑 |
| 25 | 蛋糕 | 經典 | Marrigues | 1 | 小巧玫瑰馬林糖 | - | 原味 | ● | | | | | | | | | | | | |
| 26 | | | Dac-quoise | 2 | 榛果巧克力達克瓦茲 | - | 榛果巧克力 | ● | | | | | | | | | | | | |
| 27 | | | Clafoutis | 1 | 櫻桃克拉芙緹 | 烤皿 | 櫻桃 | | | | | | | | | | | | | |
| 28 | | | Dutch baby | 1 | 高帽子荷蘭鬆餅 | 鑄鐵鍋 | 檸檬 | | | | | | | | | | | | | |
| 29 | | | Popover | 2 | 黑糖泡泡歐芙 | 馬芬模 | 黑糖 | | | | | | | | | | | | | |
| 30 | | | Madeleine | 1 | 都是椰子的瑪德蓮 | 瑪德蓮 | 椰子 | | | | | | | | | | | | | |
| 31 | | | Financier | 1 | 閃閃橙皮金磚 | 費南雪模 | 橙皮 | | | | | | | | | | | | | |
| 32 | | | Brownie | 2 | 聖誕樹布朗尼 | 20*20cm | 巧克力 | | | | | | | | | | | | ● | |
| 33 | | | Muffin | 1 | 檸檬糖霜馬芬 | 馬芬模 | 檸檬 | | | | | | | | | | | | ● | |
| 34 | | | Muffin | 2 | 紅茶巧克力甘納許方糕 | 矽膠模 | 紅茶、甘耐許 | | | | | | | | | | | ● | | |
| 35 | | | Scone | 1 | 英國佬的優格司康 | - | 優格 | | | | | | | | | | | | | |
| 36 | | | Crumble | 1 | 戒斷不了的藍莓酥粒 | 6吋烤皿 | 藍莓、黑莓 | | | | | | | | | | | | | |
| 37 | | | Souffle | 3 | 不等人的蜂蜜舒芙蕾 | 烤皿 | 蜂蜜 | ● | | | | | | | ● | | | | | |
| 38 | | 快速 | 喇喇點心 | 1 | 喇喇就好的蛋糕 | 20*20cm | 原味 | | | | | | | | | | | | | |
| 39 | 免烘烤 | 免烘烤 | 簡易點心 | 1 | 莓果手指三明治蛋糕 | - | 水果 | | | | | | | ● | | | | | | |
| 40 | | | Tiramisu | 1 | 提拉米蘇玻璃杯 | 玻璃杯 | tiramisu | | | | | | | | | | | ● | | |
| 41 | | | Crepes | 1 | 專屬貓王的可麗餅 | - | 花生醬 | | | | | | | | | | | | | |
| 42 | | | 慕斯 | 2 | 低脂藍莓豆漿慕斯塔 | 6吋慕斯圈 | 藍莓、豆漿 | | | | | | | | | | | ● | | ● |
| 43 | | | 果凍 | 1 | 浪漫櫻花可爾必思果凍杯 | 玻璃杯 | 可爾必思、櫻花 | | | | | | | | | | | | | ● |
| 44 | 蛋糕 | 戚風 | 甜點杯 | 1 | 吸睛度100%的Trifle | 玻璃杯 | 覆盆子 | | | | | | | ● | | | | | | |
| 45 | | 磅蛋糕 | 棒棒蛋糕球 | 1 | 巧克力棒棒球 | 無 | 巧克力 | | | | | | | | | | | | | |
| 46 | | 海綿 | 三明治 | 1 | 榛果巧克力三明治蛋糕 | 無 | 榛果巧克力 | | | | | | | | | | | | | |
| 47 | | 磅蛋糕 | 水果串 | 1 | 繽紛水果串蛋糕 | 無 | 時令水果 | | | | | | | | | | | | | |
| 48 | 泡芙 | 泡芙 | 泡芙 | 1 | 泡芙布丁盅 | 烤皿 | 布丁蛋奶餡 | | | | | | | | | | | ● | | |
| 49 | 奶醬 | curd | 餅乾 | 1 | 柳橙凝乳夾心餅乾 | 無 | 柳橙 | | | | | | | | | | | | | |
| 50 | crum-ble | crum-ble | 甜點杯 | 1 | 馬斯卡朋酥粒甜點杯 | 玻璃杯 | 馬斯卡朋 | | | | | | | | | | | ● | | |

# 搶救烘焙失誤

## 破解烘焙環節，學會基礎工序做變化，新手不出錯的信心指南

---

作者 —— Sweet Betty西點沙龍
責任編輯 —— 蕭歆儀
攝影 —— 王正毅
美術設計 —— mia
行銷企劃 —— 曾于珊

發行人 —— 何飛鵬
PCH生活事業總經理 —— 李淑霞
社長 —— 張淑貞
副總編輯 —— 許貝羚
出版 —— 城邦文化事業股份有限公司 麥浩斯出版
E-mail —— cs@myhomelife.com.tw
地址 —— 104台北市中山區民生東路二段141號8樓
電話 —— 02-2500-7578
發行 —— 英屬蓋曼群島商家庭傳媒股份有限公司城邦分公司
地址 —— 104台北市中山區民生東路二段141號2樓
讀者服務專線 —— 0800-020-299(09:30AM~12:00AM;01:30PM~05:00PM)
讀者服務傳真 —— 02-2517-0999
讀者服務信箱 —— E-mail：csc@cite.com.tw
劃撥帳號 —— 1983-3516
戶名 —— 英屬蓋曼群島商家庭傳媒股份有限公司城邦分公司
香港發行 —— 城邦(香港)出版集團有限公司
地址 —— 香港灣仔駱克道193號東超商業中心1樓
電話 —— 852-2508-6231
傳真 —— 852-2578-9337
馬新發行 —— 城邦(馬新)出版集團 Cite (M) Sdn. Bhd. (458372U)
地址 —— 11, Jalan 30D/146, Desa Tasik,Sungai Besi, 57000 Kuala Lumpur, Malaysia.
電話 —— 603-90563833
傳真 —— 603-90562833

製版印刷 —— 凱林彩印股份有限公司
總經銷 —— 高見文化行銷股份有限公司
電話 —— 02-26689005
傳真 —— 02-26686220
版次 —— 初版9刷2019年1月
定價 —— NT480元/港幣HK$160元



國家圖書館出版品預行編目(CIP)資料

搶救烘焙失誤：破解烘焙環節，學會基礎工序做變化，新手不出錯的信心指南 / Sweet Betty西點沙龍 著

-- 初版. -- 臺北市：麥浩斯出版：家庭傳媒城邦分公司發行, 2016.05
面； 公分
ISBN 978-986-408-159-2(平裝)
1.點心食譜
427.16 105005142

Printed in Taiwan